○ "十三五"国家重点研发计划
○ 公共安全风险防控与应急技术装备专项
○ 极端条件下的大区域电网设施安全保障技术（2018Y
○ National Key R&D Program of China（2018YFC

变电站（换流站）电力设施抗震安全防护技术

程永锋　著

中国电力出版社

CHINA ELECTRIC POWER PRESS

内 容 提 要

本书依托国家重点研发计划项目，针对电力设施抗震安全防护的主要技术难题开展了系列研究，研究成果为变电站（换流站）电力设施抗震性能提升提供了重要的技术支撑。

本书重点介绍了变电站（换流站）电力设施抗震安全防护的关键技术要点，包括主变类设备隔震设计方法与装置、支柱类设备减震设计方法与装置、变电站地震监测与震损评估技术，涵盖变电站（换流站）电力设施安全防护技术中的主要难点。

本书可对从事电力设施设计、生产、鉴定、施工等工作的工程技术人员及电力抗震相关领域的科研工作者提供一定的借鉴和参考。

图书在版编目（CIP）数据

变电站（换流站）电力设施抗震安全防护技术 / 程永锋著. —北京：中国电力出版社，2021.6
ISBN 978-7-5198-5671-7

Ⅰ．①变…　Ⅱ．①程…　Ⅲ．①变电所–电气设备–防震设计–研究　Ⅳ．①TM63

中国版本图书馆 CIP 数据核字（2021）第 098001 号

出版发行：中国电力出版社
地　　址：北京市东城区北京站西街 19 号（邮政编码 100005）
网　　址：http://www.cepp.sgcc.com.cn
责任编辑：高　芬（010-63412717）
责任校对：黄　蓓　郝军燕
装帧设计：张俊霞
责任印制：石　雷
印　　刷：三河市万龙印装有限公司
版　　次：2021 年 6 月第一版
印　　次：2021 年 6 月北京第一次印刷
开　　本：710 毫米×1000 毫米　16 开本
印　　张：11.25
字　　数：212 千字
印　　数：0001—1000 册
定　　价：85.00 元

前 言 Preface

　　我国地震多发频发、震灾严重，如 2008 年汶川地震造成 245 座变电站损坏，405 万户停电，电网直接经济损失 120 亿元。由于我国能源基地与用电负荷区域多位于强震区（7 度及以上地区），支撑能源战略发展而建设于强震区的变电站（换流站）地震灾害风险更大，站内电力设施地震易损性更高。因此，抗震安全防护技术对于保障变电站（换流站）的安全运行至关重要。

　　变电站（换流站）电力设施结构具有以下特点：支柱类设备频率低、材质低强高脆，本体抗震能力低；设备连接复杂；电气功能要求高，难以兼顾抗震性能；设备类型多，震害形式复杂，难以开展震损快速评估。这些特点导致常规抗震技术难以满足强震区电气设备抗震要求。基于此需求，中国电力科学研究院有限公司联合哈尔滨工业大学、上海交通大学等成立了攻关团队，依托国家重点研发计划项目（2018YFC0809400），针对电力设施抗震安全防护的主要技术难题开展了系列研究，研究成果为变电站（换流站）电力设施抗震性能提升提供了重要的技术支撑。

　　本专著立足于项目科研成果，重点介绍变电站（换流站）电力设施抗震安全防护的关键技术要点，包括主变类设备隔震设计方法与装置、支柱类设备减震设计方法与装置、变电站地震监测与震损评估技术，涵盖变电站（换流站）电力设施安全防护技术中的主要难点。对从事电力设施设计、生产、鉴定、施工等工作的工程技术人员及电力抗震相关领域的科研工作者可提供一定的借鉴和参考。

本专著由中国电力科学研究院有限公司程永锋著，哈尔滨工业大学智慧基础设施研究中心李素超重点参与第二章编写。在本书著作的过程中还得到了上海交通大学车爱兰和中国电力科学研究院有限公司相关同事的大力支持，特别是李圣、朱祝兵、林森、刘振林、卢智成、薛耀东、王海菠、孙宇晗、张谦、孟宪政、韩嵘、王建勋、梅春梅、高坡、徐铭鸿、张小军等付出的辛苦劳动，在此表示感谢。

在本专著编写过程中，收集和引用了国内外相关科研院所、高校的研究成果，在此，作者也对他们一并表示感谢。

由于作者水平所限，书中难免存有错误和不当之处，敬请广大读者批评指正。

目 录 Contents

1

电力设施的震害调研与技术现状

1.1 电力设施的震害

1.1.1 国内电力设施震害调研

我国电力系统曾多次遭受地震灾害的袭击，由于地震灾害的不确定性，地震威胁是电力设施建设需要长期面对的问题。如 2008 年 5 月 12 日发生在四川汶川的大地震，该地震是中国 1949 年以来破坏性最强、波及范围最广的一次 8 级大地震。地震发生后，截止到 5 月 22 日 8 时，该地区又发生里氏 4.0 级以上余震 167 次，持续时间较长，破坏强度较大。

根据震害调研统计，该地震中损坏的电力设施和以往国内外的地震灾害情况类似，尤其是 500kV 及以下含有大型瓷质器件的高压设备，包括变压器、断路器、隔离开关、电压互感器、电流互感器等破坏严重。地震引起电力系统 500kV 及以下变电站停运 278 座，电力损失负荷 685 万 kW，具体破坏情况如表 1-1 所示，其中受灾最严重的国网四川省电力公司所属变电站中变压器受损停运 109 台。

表 1-1　　　　　　　　　　500kV 及以下变电站破坏情况

电压等级（kV）	变电站（座）	输电线路（条）
500	1	4
330	1	1
220	14	47
110	77	130
35	185	221
总计	278	403

1. 变压器的受损情况

变压器的组合体系，很容易在地震低频环境下发生共振，从而造成反应过大甚至破坏。变压器损坏主要包括倾覆、倾斜、脱轨、漏油。据统计，四川电网 110～500kV 变电站变压器的破坏情况为：主变压器渗漏共 40 处，主变压器移位共 7 处，套管损坏共 58 处。

多数变压器漏油都是由套管损坏引起的，这次地震中变压器损坏部位主要是套管与升高座的连接部分，套管深入变压器本体内部的部分大多并未损害。套管一般会通过根部法兰沿一定角度固定在变压器油箱顶板或升高座上，发生共振时，套管根部会由于较大的弯剪作用与法兰错位，甚至发生根部开裂和套管漏油，容易引发火灾。图 1-1 为变压器套管发生火灾示意图。

变压器一般放置在混凝土平台或轨道上，如果锚固措施不到位，地震时固定螺栓易被剪断或者焊缝将被拉开，如图 1-2 所示。

图 1-1 变压器套管发生火灾

图 1-2 变压器翻转

除上述两种破坏模式之外，变压器中管道法兰连接或焊接位置、套管法兰连接位置会经常发生开裂或断裂，见图 1-3 和图 1-4。在地震发生时，铸铁法兰会受到反复作用，而材料自身脆性就比较高，受焊缝残余应力、材料变脆、螺栓开孔削弱等初始缺陷的影响，很容易造成裂缝进一步扩展。

图 1-3 油管断裂

图 1-4 法兰破坏

2. 母线及金具的受损情况

变电站中的电力设施之间一般通过强度较高的母线连接，而这些设备震害现象特征不同，有些表现为单体设备的破坏，有些是受到母线牵连作用而破坏。母线分硬母线和软母线两种，硬母线是由铝管和铝线制成，一般会因为支撑母线的瓷柱折断而被破坏，如图1-5所示。软母线是由铝线制成，与索的受力相似。地震灾害一般不会破坏软母线，但是母线的牵拉作用在一定程度上可增大地震反应、加重电力设施的破坏程度。如母线传递的荷载将隔离开关拉下支架，造成互感器和避雷器瓷件断裂等，如图1-6所示。

图1-5 刚性母线支撑绝缘子坠落

图1-6 断路器因母线作用破坏

3. 支柱类高压电气设备的损坏

断路器、避雷器、隔离开关等电瓷型高压电气设备的损坏率非常高，这是变电站功能失效的重要原因，其震害特征是绝缘子断裂、设备倾斜或跌落。绝缘材料采用瓷套管，材料抗弯性能差，而设备又呈细长状，地震作用下瓷套管根部会因承受过大弯矩而断裂。同时这类电气设备固有频率较低，阻尼也较小，易发生共振，共振时动力放大系数也很大，造成设备损坏更加严重。据2008年5月12日汶川地震变电站设备损坏现场调查，四川电网的破坏情况见表1-2。

表1-2　　　　　　　　500kV及以下电瓷型高压电气设备破坏情况

电压等级（kV）	断路器（台）	隔离开关（台）	避雷器（台）
500	/	2	1
220	26	49	36
110	47	45	20
35	14	60	20
总计	87	156	77

对于断路器的震害，其主要表现为瓷绝缘子中部或根部截面断裂，特别是瓷

绝缘子与法兰的连接部位，套管在法兰连接部位断裂会造成设备的倾斜或主体的坠落。图1-7所示为断路器倾斜示意图。

各电压等级的隔离开关设备主要为瓷柱敞开式产品，抗震性能弱。在地震过程中，母线的存在使隔离开关有母线连接侧的响应大幅度增加，开关很容易被拉下支座导致破坏，如图1-8所示。

图1-7　断路器倾斜　　　　　　　图1-8　隔离开关瓷件断裂而坠落

避雷器在地震作用下损毁率较高，震害情况主要为瓷质绝缘子局部破坏、开裂、断裂或发生坠落。震害原因在于自身地震响应弯矩超过了承载能力，或是由于母线作用引起的破坏。图1-9和图1-10为避雷器根部与支柱连接处折断，掉落在地面上损坏示意图。

图1-9　避雷器坠落　　　　　　　图1-10　避雷器支柱根部折断

互感器有电压互感器和电流互感器两种类型，震害主要表现为瓷件断裂从支架上跌落、拉断引线等。图1-11为电流互感器与母线连接处瓷质元件漏油示意图，图1-12为电压互感器瓷质元件破坏示意图。

图 1-11 电流互感器与母线连接处漏油

图 1-12 电压互感器破坏

4. 二次设备破坏

变电站中的二次设备主要有电源设备、控制和信号装置、通信系统等，二次设备若在地震中受到损坏，会直接影响整个变电站的运行。其震害主要表现为柜体的倾覆、滑落和连接线的破坏。

5. 变电站构支架震害

在汶川地震中，变电站设备构、支架以及基础的损害并不多，主要是位于山区中的构支架由于山体滑坡等次生灾害而发生损毁。在 220kV 银杏变电站 110kV 场地中，山体塌方使构架严重受损，部分水泥杆构支架也有一定程度损伤，见图 1-13 和图 1-14。

图 1-13 构支架倒塌

图 1-14 构架严重损坏

1.1.2 国外电力设施震害调研

国外电力设施的震害以日本、美国和土耳其三个国家为例来进行介绍。

在日本，1975 年 1 月 17 日，日本兵库县南部地震（M=7.2）中，10 个火力发电厂、48 个变电所、38 条高压线路和 446 条调配电线路遭受不同程度的破坏，震后当天有 100 万户停电，供电系统在这次地震中的损失高达 2300 亿日元，带来了巨大的经济损失。1978 年日本 Mayagi 地震中，大量由母线连接的变电站设备遭受破坏，包括套管整体破坏和母线连接处的局部破坏。1995 年 1 月 17 日，日本阪神发生里氏 7.2 级地震，关西电网发供电设备损失惨重。此次地震使得 21 座火电站的 35 套机组中有 8 套自动停机，另有 4 套主机被破坏，日本的 861 个变电站中有 50 个受到破坏，1065 条架空输电线中有 23 条被破坏。2004 年 10 月日本新泻地震造成 28 万用户停电，11 个变电所遭到破坏，其中避雷器损坏 1 件，机器基础下沉 21 件，配电设备受损共有 7566 件。2011 年 3 月 11 日下午，日本东北部海域发生 9.0 级大地震，在此次地震中福岛核电站 1~4 号机组的供电设施在灾难中损坏，由于处理不当，随后酿成核电站爆炸、核泄漏等一系列危机事件。地震和海啸等次生灾害给日本的电力系统造成了严重影响。受灾严重的东京电力公司、东北电力公司所属发电设施大面积损毁或退出运行，东北地区出现超过 1000 万 kW 的电力短缺，使得日本采取轮流限电措施，但是供电系统依然十分脆弱。地震发生当日供电系统便被切断，灾区范围内的停电户数达到了 474 万户，直到 7 天后电力水平也只恢复了 90%。大地震导致约 17650MW 发电机组非计划停运，损失电源超过 13000MW，占总装机容量的 20% 以上，造成很大的电力缺口。

在美国，1933 年 Long Beach 地震中，美国 Edison 公司的变电站设备损失惨重：变压器倾覆，其他设备和结构发生变形或受到损坏，导致电路长时间中断。1971 年美国圣费尔南多地震使旧金山市的基础工程设施遭到重创，地震区 11 条输电线遭到严重破坏。1986 年南加州 North Palm Springs5.7 级地震中，115、230kV 和 500kV 变电站均遭到不同程度的破坏，主要为避雷器、断路器的套管底部受弯断裂，套管顶端受到软母线的拉力而产生的局部破坏。1989 年 Oakland 地震后，由于电力系统被地震破坏，使得供水系统无法正常运转而引发大面积火灾。1989 年 10 月美国 Loma Prieta 地震（$M=7.2$）中电力系统遭到了严重的破坏：变电站损毁 3 座，230kV 和 500kV 的高压变电站被严重破坏，140 万用户受到断电影响。同时莫斯兰汀变电站内，12 台 500kV 的电流互感器中有 10 台用硬母线与其他断路器连接的断路器受到不同程度的破坏，主要破坏形式为瓷套管中上部开裂或折断，只有两台采用柔性连接与其他断路器相连的完好无损。1994 年 1 月美国 Northridge 地震中由于地震造成土地液化和滑坡频发，导致变电站损毁 7 座，并造成北美地区 110 万人的用电中断。在这次地震中，230kV 和 550kV 变压器连接套管发生严重破坏，场地液化和滑坡造成输电塔基础的损坏比较严重，高压输电塔出现倾倒或破损现象，变压器的破坏率高达 42.3%，造成了巨大的经济损失。

在土耳其，1999 年 8 月 17 日土耳其北部的 Kocaeli 和 Sakarya 发生里氏 7.4 级地震，地震对电力系统造成严重破坏，共损毁变电站 10 座，变电站设备的破坏包括变压器套管的泄漏，避雷器的泄漏，隔离开关的破坏，变压器的位移以及

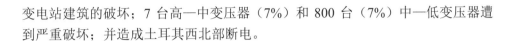

变电站建筑的破坏；7 台高—中变压器（7%）和 800 台（7%）中—低变压器遭到严重破坏；并造成土耳其西北部断电。

1.2 国内外电力设施抗震设计方法

在 1976 年唐山地震发生后，国内电力部门意识到了变电站电气设备抗震性能的重要性，于是变电站电气设备的抗震性能开始纳入设计之中，并于 20 世纪 80 年代开始制定、1996 年正式形成了《电力设施抗震设计规范》（GB 50260—1996），并且不断进行修订，目前最新版本为《电力设施抗震设计规范》（GB 50260—2013），同时《高压开关设备和控制设备的抗震要求》（GB/T 13540—2009）、《工业企业电气设备抗震设计规范》（GB 50556—2010）等电气设备抗震设计标准也相继颁布。

美国电气与电子工程师协会（Institute of Electrical and Electronics Engineers，IEEE）针对电气设备抗震设计进行了许多研究，并编制了 IEEE Recommended Practices for Seismic Design of Substations《变电站抗震设计推荐实施规程》（IEEE 693—2005），IEEE 693—2005 给出了变电站抗震设计的最低要求，适用于变电站电气设备及其支撑结构的抗震设计与性能测试。

日本电气技术规格委员会及国际电工委员会也分别推出了日本《电气设备抗震设计指南》及 IEC 相关系列标准。

由于特高压电气设备在结构、尺寸、质量、动力特性及对电气绝缘性能等要求方面与其他电压等级设备差异较大，所以特高压电气设备及其耦联体系抗震设计与其他电压等级存在一定的差别。目前各国电力设施抗震设计规范多适用于 750kV 以下或 500kV 以下电压等级设备，对特高压级变电站电气设备暂无国家规范颁布。国家电网公司于 2013 年发布了适用于特高压变电站的《特高压瓷绝缘电气设备抗震设计及减震装置安装与维护技术规程》（Q/GDW 11132），此标准适用于电瓷型特高压电气设备的抗震设计，2014 年发布了《互连高压电气设备抗震设计技术规程》（Q/GDW 11267—2014），2016 年发布了《复合材料支柱绝缘子抗震性能试验方法》（Q/GDW 11594—2016），2016 年中国电机工程学会颁布了《1000kV 变电站抗震设计规范》（T/CSEE 0010—2016）。

瓷套管的抗震性能设计十分重要。瓷套管之间由铸铁的法兰进行连接，由于瓷是脆性材料，抗弯性能较差，且设备的结构形状一般为细长状。地震发生时，套管的根部承受很大弯矩，导致瓷套管强度不足发生断裂，在地震中极易发生破坏，从而使得设备受到影响。中国规范 GB 50260 和美国 IEEE 693 规范对法兰—瓷套管的研究做出了规定，如果将其方法运用到特高压电气设备中来，其一些计算的方法并不一定可以完全适应，所以针对特高压电气设备的法兰—瓷套管的抗震性能研究很有必要。

针对变电站内通过软导线耦联后的电气设备的抗震设计，目前有 IEEE 编制的 IEEE Recommended Practices for the Design of Flexible Buswork Located in Seismically Active Areas（IEEE 1527—2006）对软导线耦联后的电气设备抗震设计做了详细规定。为了避免软导线在地震作用下被拉直，产生较大的牵拉力从而对设备造成破坏，IEEE 1527 对不同设备之间相对位移做了规定，软导线的长度应大于地震作用下耦联设备之间的相对位移，同时还要根据软导线在不同拉伸程度下的刚度来增设一定的附加长度。IEEE 1527 对软导线在覆冰荷载、风荷载等外荷载作用下的稳定性进行要求，也要求对考虑抗震性能后的软导线电气及绝缘性能进行校核。IEEE 1527 规定在对单体设备进行抗震性能校核时，应在设备顶端施加相应静荷载以模拟导线的牵拉作用，当峰值地震加速度（Peak ground acceleration，PGA）为 $0.5g$ 时，应在设备顶端水平和竖直方向各施加 1000N 的力；当 PGA 为 $1g$ 时，应施加 2000N 的力。但 IEEE 1527 的统计范围仅包含了电压等级较低的电气设备，在将 IEEE 1527 估计相对位移的方法应用于特高压耦联体系时，其参数选择不一定适用，所以针对特高压设备耦联体系的抗震设计方法仍然需要进一步研究。

高压电气设备的抗震性能分析，可以采用反应谱和时程动力分析法，但是在进行时程动力分析时对于电气设备抗震试验波形的选取不尽相同。

IEEE 693 对设备及支撑结构的试验要求最为严格，每种设备都至少要经历一个时程的振动试验，但是对于特高压电气设备由于它的结构、尺寸、质量、动力特性等和一般的电气设备相差较大，目前 IEEE 693 所要求的时程动力分析方法是否可以满足特高压电气设备抗震性能的考核要求，还需进行深入的研究。同时 IEEE 693 提出对电气设备进行振动台试验考核其抗震性能时，应在设备顶端施加一定的集中质量以模拟导线的牵拉与惯性作用。其中，500kV 及以上的电气设备顶端应施加 11kg 的集中质量；对于电压等级在 161～500kV 之间的电气设备，施加的顶部集中质量为 7kg。但是对于特高压电气设备，并没有明确给出应施加的顶部集中质量。所以在对特高压设备进行时程动力分析时，很多问题还需要做进一步的研究。

1.3　技术现状

由于电气性能的要求，变电站电力设备在材料上常采用脆性明显的陶瓷材料；在设备结构体型上，支柱类设备较为高、柔，变压器类设备较为重、大；在结构体系上表现为复杂的互连性，不同设备之间、不同相位之间通过硬管母或软导线连接，形成空间效应明显的复杂互连体系。这些特点决定了变电站电力设备抗震性能的易损性和复杂性。

国内于 20 世纪 70 年代唐山地震后,开始重视电力设施的抗震问题,开展了设备抗震性能分析与试验考核等工作,2008 年汶川地震后国内电力设施抗震研究得到加强,更为重视设备抗震考核和变电站抗震设计。国外于 20 世纪 50 年代起,美国和日本较早开展了电力设施抗震研究,在电力设施抗震理论、抗震试验技术、抗震设计标准与方法、减隔震技术和设备抗震风险评估等方面取得了成果。

近年来在以中国特高压电网为代表的电网设施建设背景下,变电站(换流站)电力设施出现了细、高、柔、重等特点,设备地震响应明显增加,地震易损性显著提高。增强变电站(换流站)的抗震安全防护能力,需要在设计建设阶段入手,提高设备的抗震能力,也需要在运维阶段加强监测,在地震灾害发生后快速响应。因此,该问题的研究包括电力设施的抗震性能提升、地震监测与性能评估等方面的内容。

其中,单体设备抗震性能提升方面,变电站站内设备的结构形式和材料应用以电气功能要求为主,以抗震性能为出发点的结构改型和新材料应用将涉及电气功能的重新设计与试验验证,相关投入较大且不易实现。在此背景下,减隔震技术通过加装减隔震装置提高抗震性能,成为单体设备抗震性能提升的重要途径。这项技术在工业民用建筑和桥梁等结构中的应用有效降低了结构的地震损伤,然而在变电站(换流站)站内设备中的应用仍处于攻关阶段。

根据以上分析,提高变电站(换流站)电力设施抗震安全防护水平的着重点在单体电力设施的减隔震技术、监测与震损快速评估技术上。

下文分别对主变类设备的隔震技术、支柱类设备的减震技术、监测与震损快速评估技术进行研究综述。

1.3.1 主变类设备的隔震技术

主变类设备由体积大、重量重的箱体以及箱体顶部柔性的套管组成。全装状态的 1000kV 主变压器设备,其重量可达 520t,全装状态总长 13.46m,总宽 8.78m,总高 18.24m。该类设备隔震研究的主要目标是减小设备的加速度或套管应力响应,防止设备倾覆以及瓷套管等发生断裂破坏 [见图 1-15(a)和(b)],基础隔震技术是电站设备有效的地震防护方式之一。

目前,国内外在电力设施中采用的隔震主要为水平隔震,如图 1-15(c)所示,相关隔震装置主要包括橡胶支座与滑移支座组成的复合隔震支座、铅芯橡胶隔震支座、高阻尼橡胶隔震支座,摩擦摆隔震支座等,其中部分变电站设备隔震系统经受住了地震的考验,隔震效果良好。近年来,随着建筑结构、桥梁、变电站设备等隔震技术的不断发展和大量工程实践应用,大型变压器等变电设备的基础隔震理论及设计方法方面也已经趋于完善。根据隔震支座的力学特性,国内外学者主要采用线性隔震系统、双线性隔震系统对隔震体系的等效刚度、阻尼比进行研究，结合等效单自由度体系计算方法，或基于需求响应谱的等效线性化方法等对变电站设备进行隔震分析和设计，目前研究的变电站设备隔震支座的刚度一般为等效线性，而对非线性变刚度隔震体系理论及设计方法研究较少。

图 1-15　主变压器的震害与隔震技术

（a）变压器设备倾覆；（b）变压器套管脆性破坏；（c）变压器的隔震

此外，由于地震的空间随机性以及时域频域的不确定性，多次强烈地震记录呈现出两个特征：① 近断层地震具有明显的长周期脉冲成分，这会加剧隔震体系的位移响应，从而引发位移超限破坏、结构碰撞以及非延性构件断裂等，对线性隔震体系提出了新的问题；② 竖向地震动与水平地震动分量的比值往往大于我国工程抗震设计规范中的建议值（2/3），甚至出现了超大幅值的竖向地震动加速度记录，引发结构竖向大幅振动及碰撞问题。1979 年的 Imperial Valley 地震中记录到最大竖向加速度峰值达到 1.75g，其中 11 个靠近断层台站的竖向加速度是水平加速度的 1.12 倍；1994 年的美国 Northridge 地震中，竖向加速度峰值高达 1.18g，是水平加速度峰值的 1.79 倍，竖向地震动对电力设施中的瓷套管等悬挑、耦联构件的动力放大作用会显著增强，亟须引起学术界以及工程界的关注和重视。

上述研究说明目前电力设施在非线性隔震理论体系、设计方法和专用设备方面仍然存在不足之处。一方面，传统隔震设备需要同时满足隔震以及限位要求，避免出现电气绝缘距离不足、套管导体断裂以及接触碰撞等问题；另一方面，国内外针对电力设施的隔震研究主要限于水平方向，对于竖向地震动考虑不足，多数电力设施隔震装置尚不能有效隔离竖向地震动作用，或现有三维隔震装置存在构造复杂的问题，不利于在实际工程中使用。此外，基于橡胶材料的隔震支座也存在环境老化、性能退化以及耐火性不足等问题，不利于保证电力设施在极端荷载作用下的安全性和防火要求。因此，开展针对电力设施具有自限位、高阻尼、高耐久性、抗倾覆能力的新型三维隔震装置研发及设计理论研究具有重要的科学意义和实用价值。

金属橡胶的存在为这种新型三维隔震装置的研发提供了重要思路。金属橡胶是一种均质、弹性、多孔物质，一般以高弹性细金属丝为原料，经过螺旋成型、拉长、缠绕铺层、模压成型及后续处理等工艺最终形成的一种减震材料，它既具有金属固有的力学特性，又有类似天然橡胶的弹性，振动过程中，还可以依靠内部大量丝线间的干摩擦进行耗能，因而具备弹性高、阻尼大、耐高/低温、易于与其他材料复合等优点，其用途主要有减振、阻尼耗能、密封、热防护以及减压等。美国和欧洲一些国家已将金属橡胶材料应用于航空航天和军事国防领域，国内已经将金属橡胶材料应用在月球着陆器减振、磁悬浮减振、工业减振、桥梁碰撞减震等方面，性能优良。金属橡胶在压缩和剪切方向均具有高弹性性能和高耗能能力，且不存在厚橡胶支座的耐久性、耐火性以及压缩蠕变等问题，为实现变电站站内设备的三维隔震开辟了新的途径。

1.3.2 支柱类设备的减震技术

支柱类电气设备通过绝缘子连接组成整体，具有较为统一的结构形式，变电站（换流站）中有数量众多的支柱类电气设备，如图 1-16（a）所示为特高压变电站内的支柱类电气设备。绝缘子是支柱类设备承载构件，目前绝缘子有两种材料形式，分别为陶瓷材料绝缘子和玻璃纤维复合材料绝缘子。

对于瓷质材料绝缘子，由于瓷材料脆性的特点，其许用破坏应力仅为 45～80MPa，因此瓷材料绝缘子组成的支柱类设备抗震性能较为薄弱，设备的脆断问题在 1994 年 Northbridge 地震、2008 年汶川地震等地震中均表现得较为突出，

图 1-16（b）为瓷支柱类设备的典型震害型式。由于提高陶瓷材料的强度面临较大的困难，同时增大瓷套管的截面将在增加自重的同时降低套管生产的成品率，因此通过改变设备结构形式提高瓷支柱类电气设备抗震性能较为困难。加装减震装置是提高瓷支柱类设备抗震性能的较好方式。对于玻璃纤维复合材料绝缘子组成的支柱类电气设备的应用历史较短，目前还缺乏震害调研资料，相关研究指出了复合绝缘子设备抗震性能的潜在问题。由于复合材料的抗弯弹性模量较小，设备在地震荷载下的位移较大，导致相邻电气设备之间互联导线或管母容许位移要求高，造成设计困难，而忽视连接结构的容许位移将导致过大的不利耦合作用。因此，采用减震装置减小设备的地震响应位移成为复合材料绝缘子支柱电气设备抗震能力提高的关键。

(a)　　　　　　　　　　　　　(b)

(c)　　　　　　　　　　　　　(d)

图 1-16　支柱类电气设备及其减震装置

（a）变电站内的支柱类电气设备；（b）支柱类电气设备的震害；

（c）支柱类设备减震装置（意大利）；（d）支柱类设备减震装置（中国）

支柱类设备的减震研究首先应建立在对设备力学模型的准确把握上。基于三维实体单元的有限元模拟技术对支柱绝缘子弹性阶段和损伤阶段的模拟较为精细，然而这类模拟技术基于对套管材料、接触特性的准确掌握，需要通过众多试验或经验参数取值以确定模型参数。同时这种模拟技术计算耗时长，对按逐步法进行地震响应计算的情况难以适应。相比之下，基于构件滞回模型的仿真计算方法，在支柱类设备地震响应模拟上更为适用。目前对支柱类设备动力特性、弹性刚度的计算较为成熟，然而对损伤状态设备响应的模拟则较少涉及。对于陶瓷材料设备，弹性状态的末尾即为脆性破坏段，目前的仿真方法是适用的，而针对已开始较大规模应用的玻璃纤维复合材料支柱类设备，初始损伤阶段较早，同时初始损伤后仍有继续承载能力，此类力学行为的模拟应更关注非线性阶段的力学性能。

在减震方式上，支柱类设备以其长细比大为特征，常见的剪切型减震方式下，设备水平晃动后由惯性力和自重形成的倾覆力矩大，易造成设备的主动倾覆。因此应采用能提供抗倾覆力矩摇摆减震方式，如图1-16（c）与图1-16（d）所示。在减震装置上，5种类型的减震装置可用于支柱类电气设备的减震设计，分别为弹簧减震装置、塑性耗能材料减震装置、摩擦耗能减震装置、弹性阻尼减震装置和复合类型减震装置。其中，弹簧减震装置耗能特性弱且不利于控制设备位移。铅金属减震装置具备承载力大、耗能能力较强的特点，需要注意震后力学性能可恢复性上可能存在的不足。摩擦减震装置具备初始刚度大、耗能特性强和耐久性好的特征，目前多用于剪切型基底隔震，在摇摆减震模式下的设计和分析模型有待进一步研发。弹性阻尼减震装置维护要求高，装置自身较为复杂，在支柱类设备上使用对设备底座和支架的改造要求高。在复合类型减震装置上，S.Alessandri设计的一种钢丝绳弹簧组成的支柱类设备基底减震装置，为弹簧减震与摩擦减震的复合类型，利用钢丝绳弹簧的柔性和摩擦形成减震机制。在该减震系统中，减小设备的应力将导致顶部位移的增大，因此设计中需要找到位移响应和应力响应之间的平衡，不过这种方式对较为柔性的复合绝缘子支柱类设备可能并不适用。

基于上述分析，通过开发新型减震单元，组合不同类型的减震单元优势，形成专用的支柱类设备减震装置，同时实现加速度、位移和应力的减震效果，是解决支柱类电气设备抗震性能问题的关键。

1.3.3 电力设施震损快速评估技术

作为电网节点的变电站，在震后迅速启动电网应急预案以减小震区电力负荷损失，并且制订和启动震损变电站修复工作是震区保电工作的关键之一。将地震在线监测技术与震损评估技术结合，在震后迅速掌握各类设备震损情况，将为电网地震应急预案的启动提供支撑。

目前高速铁路、大坝、核电和大跨度桥梁等关键基础设施均有推荐设置地震在线监测系统。相比之下，在变电站（换流站）部署地震监测系统仍处于起步阶段，工程应用较少。实现变电站（换流站）的地震监测与震损快速评估，在技术上有两个重要部分：变电站（换流站）地震在线监测技术和震损评估技术。

常见的震害调查方式如航空摄影或实地调查，需要在震后投入较多时间和人力，及时快速开展工作也需要数十小时或数天时间。将监测技术与地震易损性分析技术结合，在震后以地震监测数据为输入，通过模型计算评判震损程度，这可以为震后快速响应提供宝贵的时间。地震易损性分析指的是通过结构分析技术，分析不同输入特征的地震动参数（如峰值加速度、反应谱等）与结构损伤之间的对应关系。变电站的易损性分析近年来逐渐受到了工程抗震领域的关注，文波等以典型变电站作为研究对象，建立考虑主厂房结构与电气设备相互作用的变电站易损性；Kim 等通过故障树的方式，对变电站地震输入下的功能易损性开展了研究。在特定电气设备的地震易损性方面；李圣等运用概率地震易损性分析理论，得到了典型的支柱绝缘子互连体系在不同强度和不同输入方向的地震下损伤的概率；Paolacci 等对隔离开关进行了易损性分析；Zareei 等研究了某 400kV 变压器的地震易损性曲线。以上研究中的变电站易损性分析，均有明确的指向站内的某一设备或建构筑物，而面向变电站（换流站）震损快速评估的易损性分析，需要对站内诸多电气设施和建构筑物进行单体和综合的分析，以包含各类可能的电力设施震损情况和各类震损组合对变电站（换流站）功能的影响。因此，相关变电站（换流站）的易损性分析应建立在单体设备或单间隔设备上易损性分析基础上，考虑整个变电站（换流站）系统的功能设计与模块连接通过综合分析得出的结果。在这方面，面向震损快速评估的易损性分析技术仍需投入研究。

从国内外研究综述可见，针对大电网中变电站（换流站）电力设施复杂结构特性和高地震易损性，在新型减隔震设计理论和装备技术、变电站震损程度快速评估技术等方面均有较好的理论发展前景和较为迫切的技术需求。

2

主变类设备隔震设计技术

    主变类设备是变电站（换流站）的核心设备，其抗震性能关系着整站功能的可靠运行。以某型 1000kV 特高压变压器为例，该变压器主体及套管总重为 570t，本体长 11.5m、宽 4.2m、高 5.0m，由加劲钢板焊接制成，高压套管长 11.0m，中压套管长度 3.53m，低压套管长度 2.1m。三种类型的套管固定在油箱顶板或侧板的升高座上。套管由陶瓷材料制成，两端有金属法兰。陶瓷构件的弹性模量约为 100GPa。该型变压器原型结构如图 2-1 所示，变压器结构如图 2-2 所示，主体变压器的结构参数如表 2-1 所示。

图 2-1　1000kV 变压器

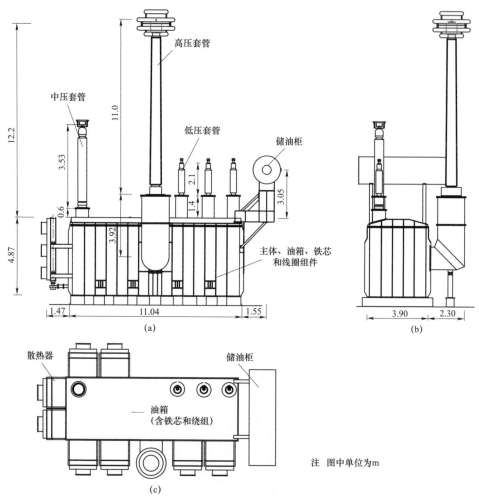

图 2-2 1000kV 变压器结构示意图

（a）正视图；（b）侧视图；（c）俯视图

表 2-1　　　　　　　　　　　　　主体变压器的结构参数

物理量	数值	物理量	数值
油箱长度	11.5m	油箱宽度	4.2m
油箱高度	5.0m	总高度	17.0m
高压套管长度	11.0m	高套管升高座长度	3.92m
中压套管长度	3.53m	低压套管长度	2.1m
铁芯和线圈组件质量	320.4t	油箱质量	68t
油的质量	132t	高压套管质量	7.5t

续表

物理量	数值	物理量	数值
中压套管质量	1.95t	低压套管质量	0.6t
散热器质量	22.4t	油枕质量	12.9t
主体总质量	520t	总质量	570t
侧板厚度	12mm	侧板加劲肋厚度	32mm
顶板厚度	25mm	顶板加劲肋厚度	40mm

　　为提升上述 1000kV 主变压器原型结构的抗震性能，基于金属橡胶材料提出了具有应变（变形）硬化性能的非线性准零刚度隔震支座，结合摩擦摆支座、弹簧和非线性阻尼部件组成具有三维隔震功能的变电站隔震支座，以有效提高非规则体型主变类设备的抗震性能。新型三维隔震支座在水平方向和竖直方向可以进行解耦，本章重点研究三维隔震支座在水平和竖直方向上的力学性能以及本构模型，并基于非线性隔震装置在往复荷载下的力学性能，建立变压器及其瓷套管体系的高精度三维有限元模型，最后通过振动台试验验证其对变电站设备的隔震效果。

2.1　三维非线性隔震支座力学性能

　　前期研究发现，金属橡胶材料（见图 2-3）具有典型的非线性硬化特性，特别是在双向往复加载下，其力—位移关系曲线呈现出准零刚度特征：即初期刚度

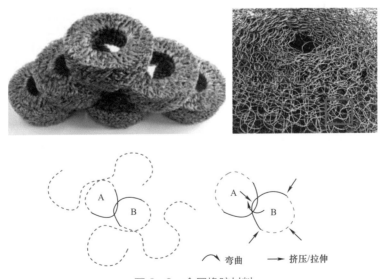

弯曲　　挤压/拉伸

图 2-3　金属橡胶材料

较低，随着变形的增大其刚度提高，因而具有自限位功能。目前，此类强非线性隔震支座的数学分析模型仍主要基于唯象理论，因此，本节将在改进 Bouc-Wen 模型的基础上通过引入摄缩函数来实现主变设备三维非线性隔震支座的力学建模。

2.1.1 基于金属橡胶的非线性隔震支座力学模型

1. 基于改进 Bouc-Wen 模型的金属橡胶隔震支座力学建模

Wen 等人提出的光滑滞变位移微分方程如下

$$\dot{z} = A\dot{x} - \beta|\dot{x}||z|^{n-1}z - \gamma\dot{x}|z|^{n} \tag{2-1}$$

式中：A、β、γ 和 n 分别是控制滞变位移初始刚度、幅值和滞变形状的参数。

也可以将式（2-1）写成以下形式

$$\frac{\mathrm{d}z}{\mathrm{d}x} = A - [\beta\,\mathrm{sgn}(z\dot{x}) + \gamma]|z|^{n} \tag{2-2}$$

显然，式（2-2）为滞变位移斜率的表达式。

由式（2-2），可得：

$$\left.\frac{\mathrm{d}z}{\mathrm{d}x}\right|_{z=0} = A \tag{2-3}$$

这里，参数 A 定义为滞变位移 z 的初始刚度。

令 $\mathrm{d}z/\mathrm{d}x=0$，由式（2-2）可以求得滞变位移的最大值和最小值。特别地，当 n 为奇数时，由式（2-2）可求得滞变位移 z 的最大、最小值分别为

$$z_{\max} = [A/(\beta+\gamma)]^{\frac{1}{n}}, \quad z_{\min} = -[A/(\beta+\gamma)]^{\frac{1}{n}} \tag{2-4}$$

对于 n 为偶数的情况，滞变位移最大、最小值仍然具有式（2-4）的表达形式。

当 $n=1$，$A=1$ 时，β 和 γ 对滞回曲线形状的影响如图 2-4 所示。从图 2-4 中可以看出，当 $\beta+\gamma=1/z_{\max}^{n}$ 时，β 越大，滞回曲线包络面积越大；进一步还可以证明，当 $n=1$ 时，若 $\beta+\gamma=0$、$\gamma-\beta<0$，则为式（2-1）描述硬化型骨架曲线对应的滞回曲线。

参数 n 取不同值时的骨架曲线如图 2-5 所示。从图 2-5 中可以看出，n 越大，滞回曲线越接近于理想双线性滞回曲线。

2. 考虑捏缩的改进 Bouc-Wen 模型

金属橡胶隔震支座在往复荷载作用下的滞回曲线呈现出了明显的捏缩及应变硬化特性。为了描述金属橡胶隔震支座滞回曲线的上述两种特性，本节对 Bouc-Wen 模型进行了改进。

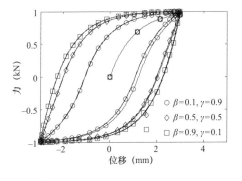 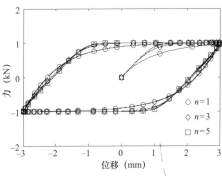

图 2-4　参数 β 和 γ 对滞回曲线形状的影响　　　图 2-5　参数 n 对滞回曲线形状的影响

为了描述滞回曲线的捏缩特性,这里在滞变位移 z 的初始刚度 A 后面乘以一个摄缩函数 $h(x)$,于是,滞变位移 z 的微分方程可以表示为

$$\frac{\mathrm{d}z}{\mathrm{d}x} = Ah(x) - [\beta \operatorname{sgn}(z\dot{x}) + \gamma]|z|^{n} \qquad (2-5)$$

函数 $h(x)$ 具有如下形式

$$h(x) = 1 - \xi \mathrm{e}^{-(x^2/x_c^2)} \qquad (2-6)$$

其中, $\xi \in [0,1)$, $x_c > 0$ 。

当 $n=1$ 、 $A=1$ 、 $\beta=0.9$ 、 $\gamma=0.1$ 时, ξ 对滞回曲线的影响如图 2-6 所示。可以看出,随着 ξ 增大,滞回曲线的捏缩程度越高。x_c 对滞回曲线的影响如图 2-7 所示。可以发现,随着 x_c 增大,滞变位移 z 的最大值将减小。

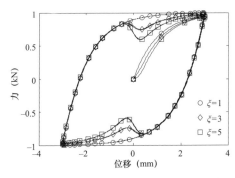 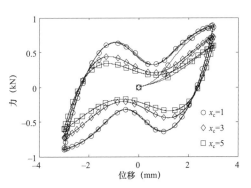

图 2-6　参数 ξ 对滞回曲线形状的影响　　　图 2-7　参数 x_c 对滞回曲线形状的影响

因此,完整的金属橡胶滞变恢复力 f 可以表示为

$$f = r(k_e x + z) + (1-r)k_a x^a \qquad (2-7)$$

3. 基于改进 Bouc-Wen 模型的金属橡胶隔震支座力学模型验证

以试件 S-2 在 1.0Hz,幅度为 1.5mm 的往复荷载作用下的数据作为参考,

滞变恢复力 f 公式中各参数选取如下：$A=1$，$\beta=100$，$\gamma=-98$，$n=1$，$\xi=0.95$，$x_c=3$，$r=0.13$，$k_e=0.2$，$k_a=0.0015$ 和 $a=4$。

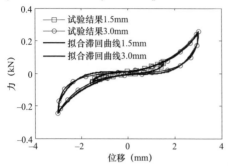

图 2-8　试件 S-2 试验与拟合滞回曲线对比

为了验证上述参数在同一试件、同一频率、不同幅度往复作用下的泛用性，将这组参数带入到式（2-6），并将 x 设置为 3mm，得到的滞回曲线与试验结果的对比如图 2-8 所示。可以看出，基于本章力学模型得到的金属橡胶在幅值为 3mm 时的滞回曲线与试验结果吻合较好，表明上述模型具有良好的适用性。

2.1.2　基于金属橡胶的非线性单自由度隔震体系

1. 仅安装金属橡胶隔震支座时的单自由度体系运动方程

将金属橡胶隔震支座和变压器模型考虑成单自由度滞变非线性体系，其运动方程为

$$m\ddot{x} + g(x, \dot{x}) = P(t) \tag{2-8}$$

其中，$g(x, \dot{x})$ 是关于 x 和 $\dot{x}$ 的二元非线性函数，表示滞变体系的滞变恢复力，完整的滞变恢复力 $g(x, \dot{x})$ 可以表示为

$$g(x, \dot{x}) = f = r(k_e x + z) + (1-r)k_a x^a \tag{2-9}$$

其中，z 为滞变位移，其微分方程可以表示为

$$\frac{dz}{dx} = Ah(x) - \left[\beta \operatorname{sgn}(z\dot{x}) + \gamma\right]|z|^n \tag{2-10}$$

函数 $h(x)$ 具有如下形式

$$h(x) = 1 - \xi e^{-(x^2/x_c)} \tag{2-11}$$

其中，$\xi \in [0,1)$，$x_c > 0$。

微分方程也可以表示为

$$\frac{dz}{dt} = Ah(x) \cdot \dot{x} - \left[\beta \operatorname{sgn}(z\dot{x}) + \gamma\right]|z|^n \cdot \dot{x} \tag{2-12}$$

式（2-9）带入式（2-8）可得

$$m\ddot{x} + [r(k_e x + z) + (1-r)k_a x^a] = P(t) \tag{2-13}$$

移项可得

$$\ddot{x} = \frac{P(t)}{m} - \frac{r(k_e x + z) + (1-r)k_a x^a}{m} \quad (2-14)$$

因此，可以得到单自由度体系的运动微分方程组为

$$\frac{dx}{dt} = \dot{x}$$

$$\frac{d\dot{x}}{dt} = \ddot{x} = \frac{P(t)}{m} - \frac{r(k_e x + z) + (1-r)k_a x^a}{m} \quad (2-15)$$

$$\frac{dz}{dt} = Ah(x) \cdot \dot{x} - [\beta \operatorname{sgn}(z\dot{x}) + \gamma]|z|^n \cdot \dot{x}$$

主变设备隔震体系的传递率方程为主变设备箱体、套管等部件在地震动激励下的系统响应输出与地震动激励输入的比值，即

$$\text{TransRatio} = \frac{\ddot{x}}{\ddot{x}_g} = \frac{P(t)}{m\ddot{x}_g} - \frac{r(k_e x + z) + (1-r)k_a x^a}{m\ddot{x}_g} \quad (2-16)$$

2. 考虑金属橡胶和摩擦摆支座联合隔震时的单自由度体系运动方程

将金属橡胶与摩擦摆进行并联，可以得到金属橡胶—摩擦摆隔震支座的滞变力公式

$$g(x,\dot{x}) = F = \alpha[r(K_e \cdot x + z) + (1-r)K_a \cdot \operatorname{sgn}(x) \cdot |x|^a] + mg[x/R + \operatorname{sgn}(\dot{x})] \quad (2-17)$$

进而可得到上述体系的运动微分方程组为

$$\frac{dx}{dt} = \dot{x}$$

$$\frac{d\dot{x}}{dt} = \ddot{x} = \frac{P(t)}{m} - \frac{\alpha[r(K_e \cdot x + z) + (1-r)K_a \cdot \operatorname{sgn}(x) \cdot |x|^a] + mg[x/R + \operatorname{sgn}(\dot{x})]}{m}$$

$$\frac{dz}{dt} = Ah(x) \cdot \dot{x} - [\beta \operatorname{sgn}(z\dot{x}) + \gamma]|z|^n \cdot \dot{x}$$

$$(2-18)$$

为保证与后期参数一致，这里选用主变压器振动台试验模型来设计和分析隔震体系在地震动激励下的响应。主变压器实验模型的质量为 12 500kg，体系阻尼比取为 2%，摩擦摆的曲率半径为 3.97m，滑动摩擦系数为 0.05，金属橡胶力学模型参数依据金属橡胶的试验结果和金属橡胶力学模型得到。

当金属橡胶与摩擦摆支座的水平出力之比 α 为 0.5 时，在 800gal（1gal=1cm/s^2）的 El Centro 地震记录激励下，隔震体系滞回曲线和时程曲线分别如图 2-9 和图 2-10 所示。

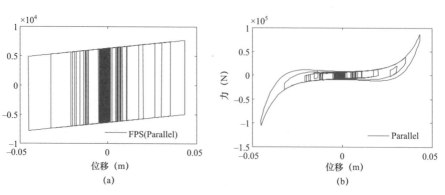

图 2-9　金属橡胶隔震支座滞回曲线

（a）摩擦摆滞回曲线；（b）联合滞回曲线

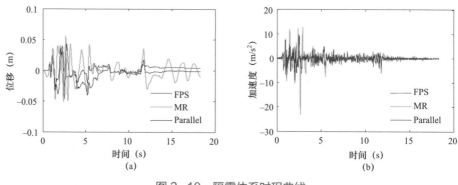

图 2-10　隔震体系时程曲线

（a）位移时程；（b）加速度时程

当金属橡胶与摩擦摆支座的水平出力之比 α 为 0.1 时，在 800gal 的 El Centro 地震记录激励下，隔震体系的滞回曲线和时程曲线分别如图 2-11 和图 2-12 所示。

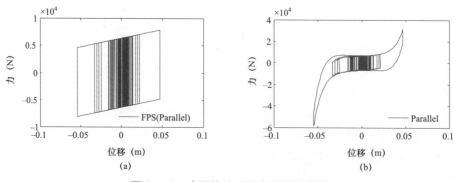

图 2-11　金属橡胶隔震支座滞回曲线

（a）摩擦摆滞回曲线；（b）联合滞回曲线

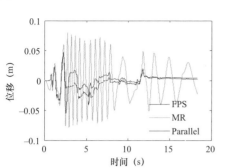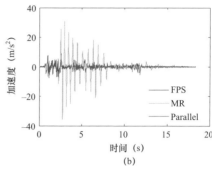

图2-12　隔震体系时程曲线

（a）位移时程；（b）加速度时程

分析发现，随着金属橡胶与摩擦摆支座的水平出力之比的减小，金属橡胶的出力幅值降低。考虑到变压器上部瓷套管为脆性部件，建模时应对上部结构进行细部分析，目前采用两种方案：① 基于模型分析程序，建立考虑瓷套管结构的多自由度模型进行动力时程分析；② 将隔震支座非线性力学模型加入有限元软件的本构模型库，并建立主变压器结构精细化有限元模型进行时程分析，进而可以分析瓷套管部件的位移、加速度以及应变结果。

2.1.3　主变设备非线性多自由度三维隔震模型

1. 三维非线性多自由度体系的运动方程

本文提出的新型主变设备三维隔震装置主要是通过将水平向地震动能量、竖向地震动能量分别由金属橡胶-摩擦摆隔震支座和弹簧-黏滞阻尼器吸收和耗散。本文提出的三维隔震体系可以有效实现对三向地震动激励下的隔震部件进行水平和竖向解耦，因此，这里可以认为水平向隔震组件与竖向隔震组件基本不产生相互影响。

（1）水平隔震体系运动方程。将单根瓷套管划分为三个自由度，每个自由度质量为 m，层间刚度为 k，层间阻尼为 c。将主变压器本体和隔震支座上部连接板考虑为一个自由度，质量为 M，则四个自由度的水平位移由下至上分别为 x_b、x_1、x_2 和 x_3。

对于上部结构，动力方程组

$$[M_s]\{\ddot{x}_s\}+[c_s]\{\dot{x}_s\}+[K_s]\{x_s\}=-[M_s]\{r_s\}(\ddot{x}_b+\ddot{x}_g) \qquad (2-19)$$

其中

$$[M_s]=\begin{bmatrix} m & 0 & 0 \\ 0 & m & 0 \\ 0 & 0 & m \end{bmatrix},\ [c_s]=\begin{bmatrix} 2c & -c & 0 \\ -c & 2c & -c \\ 0 & -c & c \end{bmatrix},\ [K_s]=\begin{bmatrix} 2k & -k & 0 \\ -k & 2k & -k \\ 0 & -k & k \end{bmatrix} \qquad (2-20)$$

$$\{r_s\} = \begin{Bmatrix} 1 \\ 1 \\ 1 \end{Bmatrix}, \quad \{x_s\} = \begin{Bmatrix} x_1 \\ x_2 \\ x_3 \end{Bmatrix} \tag{2-21}$$

对于隔震层，其运动方程为

$$M(\ddot{x}_g + \ddot{x}_b) + f + \{r_s\}^T + \overline{M}_s(\{x_s\} + \{r_s\}\ddot{x}_g + \{r_s\}\ddot{x}_b) = 0 \tag{2-22}$$

其中：$\overline{M}_s$ 为上部结构总质量，$\overline{M}_s = 3m$；f 为隔震支座的滞变力，具有如下形式

$$f = \alpha[r(K_e \cdot x_1 + z) + (1-r)K_a \cdot \mathrm{sgn}(x_1) \cdot |x_1|^a] + (M + \overline{M}_s)g[x_1 / R + \mathrm{sgn}(\dot{x}_1)] \tag{2-23}$$

一般而言，$x_s \ll x_b$，忽略隔震层动力方程中的 x_s 项，可以得到

$$(M + \overline{M}_s)\ddot{x}_b + f = -(M + \overline{M}_s)\ddot{x}_g \tag{2-24}$$

将上部结构与隔震层的动力方程联立，可得到如下方程组

$$\begin{cases} m\ddot{x}_3 - c\dot{x}_2 + c\dot{x}_3 - kx_2 + kx_3 = -m(\ddot{x}_g + \ddot{x}_b) \\ m\ddot{x}_2 - c\dot{x}_1 + 2c\dot{x}_2 - c\dot{x}_3 - kx_1 + 2kx_2 - kx_3 = -m(\ddot{x}_g + \ddot{x}_b) \\ m\ddot{x}_1 + 2c\dot{x}_1 - c\dot{x}_2 + 2kx_1 - kx_2 = -m(\ddot{x}_g + \ddot{x}_b) \\ (M + 3m)\ddot{x}_b + f = -(M + 3m)\ddot{x}_g \end{cases} \tag{2-25}$$

（2）体系竖向隔震运动方程。这里将支座上部主变设备视为一个整体，竖向隔震装置由线性弹簧和非线性粘滞型阻尼器构成，竖向隔震体系的运动方程可表示为

$$m\ddot{z} + \mathrm{sgn}(\dot{z})C_v\dot{z}^\alpha + K_z z = -m\ddot{x}_{gz} \tag{2-26}$$

2. 不同加速度幅值远场、近场地震动作用下隔震体系的隔震效果分析

在 PGA（峰值加速度）为 200gal 的 El Centro 地震记录激励下，未隔震体系的响应结果如图 2-13 所示。位移响应峰值 x_1、x_2、x_3 分别为 5.3、9.8、12.7mm，加速度响应峰值 a_1、a_2、a_3 分别为 3.13、3.75m/s² 和 5.26m/s²。

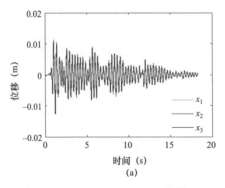
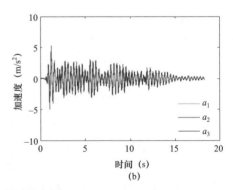

图 2-13 未隔震时程曲线

（a）位移时程；（b）加速度时程

上述地震激励工况下，当只有摩擦摆支座时，变压器的时程响应如图 2-14 所示。位移响应峰值 x_b、x_1、x_2、x_3 分别为 5.7、4.6、8.0mm 和 9.9mm，加速度响应峰值 a_b、a_1、a_2、a_3 分别为 0.80、2.08、3.05m/s² 和 3.48m/s²。

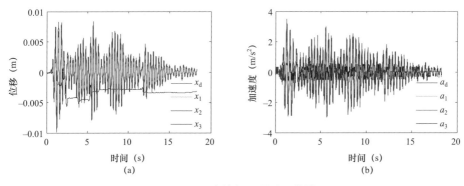

图 2-14 摩擦摆隔震时程曲线

（a）位移时程；（b）加速度时程

上述地震激励工况下，考虑金属橡胶—摩擦摆组合隔震情况时，隔震体系位移滞回曲线如图 2-15 所示，时程响应如图 2-16 所示。位移响应峰值 x_b、x_1、x_2、x_3 分别为 5.5、4.6、8.0、9.9mm，加速度响应峰值 a_b、a_1、a_2、a_3 分别为 0.79、2.09、3.05、3.47m/s²。

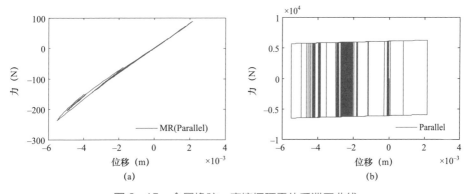

图 2-15 金属橡胶—摩擦摆隔震体系滞回曲线

（a）金属橡胶滞回曲线；（b）联合滞回曲线

在 PGA 为 400gal 的 El Centro 记录激励下，当只有摩擦摆支座时，隔震体系位移响应峰值 x_b、x_1、x_2、x_3 分别为 20.1、5.5、9.8mm 和 12.1mm，加速度响应峰值 a_b、a_1、a_2、a_3 分别为 1.11、2.68、3.88m/s² 和 4.40m/s²。

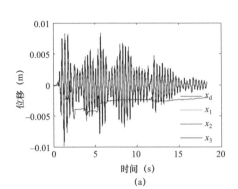

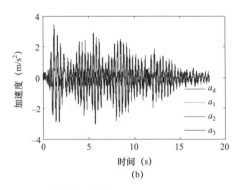

图 2-16　金属橡胶—摩擦摆隔震时程曲线

（a）位移时程；（b）加速度时程

在 PGA 为 400gal 的 El Centro 记录激励下，金属橡胶—摩擦摆隔震支座的滞回曲线如图 2-17 所示。位移响应峰值 x_b、x_1、x_2、x_3 分别为 18.2、5.6、10.0mm 和 12.3mm，加速度响应峰值 a_b、a_1、a_2、a_3 分别为 1.13、2.59、4.00m/s^2 和 4.47m/s^2。

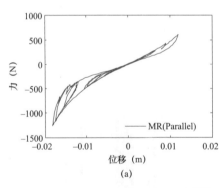

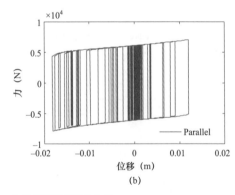

图 2-17　金属橡胶—摩擦摆隔震滞回曲线

（a）金属橡胶隔震环滞回曲线；（b）联合滞回曲线

当地震动激励幅值增加到 600gal 时，只有摩擦摆支座工况下的隔震层时程响应曲线如图 2-18 所示。体系位移响应峰值 x_b、x_1、x_2、x_3 分别为 30.1、7.0、12.5mm 和 15.5mm，加速度响应峰值 a_b、a_1、a_2、a_3 分别为 1.43、3.10、4.71 m/s^2 和 5.52m/s^2。

当地震动激励幅值增加到 600gal 时，金属橡胶—摩擦摆隔震支座的滞回曲线如图 2-19 所示，时程响应如图 2-20 所示。隔震体系位移响应峰值 x_b、x_1、x_2、x_3 分别为 29.2、6.9、12.4、15.3mm，加速度响应峰值 a_b、a_1、a_2、a_3 分别为 1.65、3.05、4.68、5.51m/s^2。

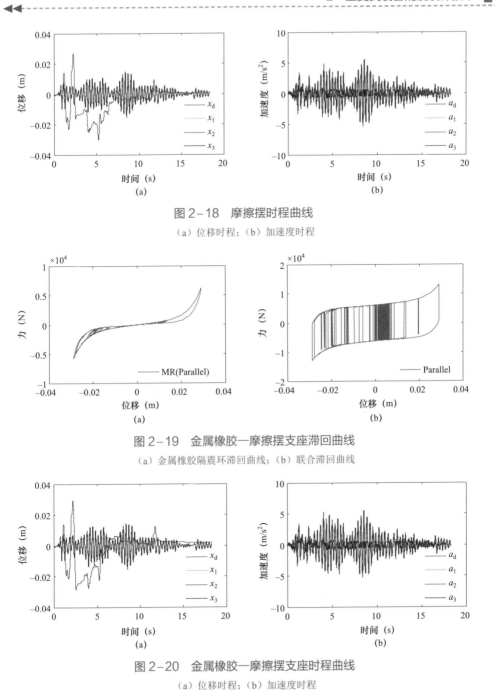

图 2-18 摩擦摆时程曲线

（a）位移时程；（b）加速度时程

图 2-19 金属橡胶—摩擦摆支座滞回曲线

（a）金属橡胶隔震环滞回曲线；（b）联合滞回曲线

图 2-20 金属橡胶—摩擦摆支座时程曲线

（a）位移时程；（b）加速度时程

综上所述，可以看出，在加速度峰值为 200gal 的 El Centro 波作用下，金属橡胶的出力占比较小，对摩擦摆隔震支座的作用几乎可以忽略；然而，在 400gal

和 600gal 的 El Centro 波作用下，金属橡胶的出力显著增大，可以有效减小隔震层的位移。

在 PGA 为 200gal 的近场地震动 Chi-chi 记录激励下，金属橡胶-摩擦摆隔震体系的最大位移和最大加速度响应分别如表 2-2 和表 2-3 所示。

表 2-2　　　　　　　　　　位移最大值（绝对值）　　　　　　　　　　（mm）

项目	x_b	x_1	x_2	x_3
金属橡胶—摩擦摆支座	19.4	3.9	7.0	8.8
只有摩擦摆支座	22.1	3.9	7.1	8.9

表 2-3　　　　　　　　　　加速度最大值（绝对值）　　　　　　　　　　（m/s²）

项目	a_b	a_1	a_2	a_3
金属橡胶—摩擦摆支座	0.68	1.72	2.53	3.40
只有摩擦摆支座	0.65	1.69	2.61	3.46

当地震动激励幅值增大到 400gal 时，金属橡胶-摩擦摆隔震体系的滞回曲线如图 2-21 所示。体系最大位移和最大加速度响应分别如表 2-4 和表 2-5 所示。

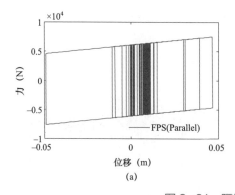
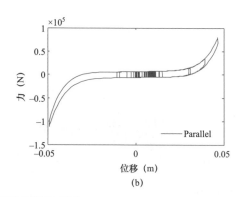

图 2-21　隔震体系滞回曲线

（a）摩擦摆滞回曲线；（b）联合滞回曲线

表 2-4　　　　　　　　　　位移最大值（绝对值）　　　　　　　　　　（mm）

项目	x_b	x_1	x_2	x_3
金属橡胶—摩擦摆支座	49.3	10.2	17.5	21.7
只有摩擦摆支座	67.3	6.1	10.9	13.6

表 2-5　　　　　　　　加速度最大值（绝对值）　　　　　　　（m/s²）

项目	a_b	a_1	a_2	a_3
金属橡胶—摩擦摆支座	8.85	8.47	6.59	8.18
只有摩擦摆支座	0.79	2.45	4.03	4.91

当地震动激励幅值增大到 600gal 时，金属橡胶—摩擦摆隔震体系的滞回曲线如图 2-22 所示，体系最大位移和最大加速度响应如表 2-6 和表 2-7 所示。

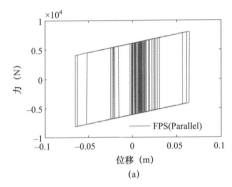

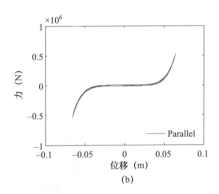

图 2-22　隔震体系滞回曲线

（a）摩擦摆滞回曲线（b）联合滞回曲线

表 2-6　　　　　　　　位移最大值（绝对值）　　　　　　　（mm）

项目	x_b	x_1	x_2	x_3
金属橡胶—摩擦摆支座	65	149.0	257.1	314.6
只有摩擦摆支座	110.5	5.5	9.8	12.2

表 2-7　　　　　　　　加速度最大值（绝对值）　　　　　　　（m/s²）

项目	a_b	a_1	a_2	a_3
金属橡胶—摩擦摆支座	43.09	76.63	94.70	115.03
只有摩擦摆支座	0.93	2.34	3.61	4.32

2.1.4　金属橡胶非线性隔震支座力学试验

针对具有不同成型密度的金属橡胶试件，分别进行静力、动力荷载作用下的压缩性能试验，研究其加载幅值、循环加载次数、加载频率等因素对金属橡胶材料压缩滞变性能的影响规律，研究金属橡胶材料滞变耗能能力和变形自复位能力，并验证基于金属橡胶材料的三维隔震本构理论。

共制备 6 个如下参数的金属橡胶试件：钢丝直径为 0.2mm，名义密度为 0.23（0.25），质量为 28g（30g），尺寸为 25mm×25mm×25mm。其中名义密度的定义为金属橡胶试件的密度与金属丝密度的比值，也称为相对密度，即

$$\rho = \frac{\rho_s}{\rho_m} \tag{2-27}$$

式中：ρ_m 为金属丝的密度；ρ_s 为金属橡胶试件的密度，可以表示为试件质量与宏观体积的比值，即

$$\rho_s = \frac{m_s}{V_s} \tag{2-28}$$

式中：m_s 为金属橡胶试件的质量；V_s 为金属橡胶试件的宏观体积。

金属橡胶压缩试验在材料力学性能测试中心进行。试验机最大出力为 100kN，其静载荷误差小于 1%，动载荷误差小于 2%。为减小夹具与试件间的缝隙误差，压缩试验未使用连接夹具而直接在试验机连接盘上进行，试验采取位移控制方式进行加载，由试验机的力传感器和位移传感器采集压力和变形数据，通过分析数据采集系统获得的试验结果进而得到金属橡胶的应力–应变关系曲线，该曲线所围成的面积表示金属橡胶每周循环所耗散的能量，试验装置如图 2-23 所示。试验环境温度为室温 20℃，加载幅值分别为 5%、10%、15% 和 20%，6 个加载频率分别为 0.05、0.1、0.5、1.0、3.0Hz 和 5.0Hz，每种工况下加载圈数为 10 圈。

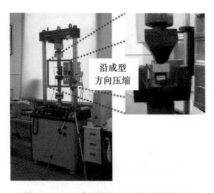

图 2-23 金属橡胶压缩试验装置

实验表明，随着压缩幅值的增大，金属橡胶的体积减小，由于金属橡胶为多孔材料，在压缩幅值较小时其体积的减小主要是由于空隙率降低引起的。在压缩过程中金属橡胶的体积可以表示为

$$V_s = (A_{s0} + \Delta A_{s0})(H_{s0} + \Delta H_{s0}) = V_{s0}(1 + v\varepsilon)^2(1-\varepsilon) \tag{2-29}$$

式中：A_{s0}、H_{s0} 和 V_{s0} 分别为金属橡胶试件的初始截面面积、高度和体积；v 和 ε 分别为金属橡胶试件的泊松比和压缩应变。

一般而言，多孔材料的泊松比并不是一个常数，而是随着孔隙率的变化而改变，根据多孔材料泊松比的预测公式，金属橡胶材料的泊松比远小于金属丝自身的泊松比 0.3，因此，在压缩过程中，金属橡胶的横向变形可以忽略

$$\rho_s \approx \frac{m_s}{V_s 1-\varepsilon} \tag{2-30}$$

令金属橡胶的初始名义密度表示为 ρ_0，结合名义密度的定义，则可以得到金属橡胶在任意压缩过程中的名义密度：

$$\rho \approx \frac{1}{1-\varepsilon}\rho_0 \tag{2-31}$$

式中：ε 为压缩应变。

根据名义密度的定义可知，金属橡胶的极限名义密度等于 1，因此，相应的金属橡胶的最大可压缩应变为

$$\varepsilon_{\max} = 1 - \rho_0 \tag{2-32}$$

金属橡胶为非均质材料，其应力应变关系也是非线性的，因此取其广义应力—应变关系来表征其力学特性，定义试件垂直成型受压方向分别为长度 a 和宽度 b，则有

$$\sigma = \frac{P}{a \times b}, \quad E(\varepsilon) = \frac{\sigma}{\varepsilon}, \quad \varepsilon = \frac{\Delta H_{s0}}{H_{s0}} \tag{2-33}$$

式中：σ 为广义应力；P 为作用在试件上的外力；ε 为压缩应变。

图 2-24 给出了名义密度分别为 0.23 和 0.25 的金属橡胶在加载频率为 0.05Hz，不同压缩幅值下的应力—应变关系。可以发现，随着压缩应变幅值的增加，金属橡胶的应力和刚度均呈现非线性提高，说明金属橡胶材料存在应变硬化现象，其应力—应变关系包围的面积也随之增大，耗能能力提高。从金属橡胶本身的构造来看，材料内部金属丝间存在若干个点接触，每两个接触点间的金属丝可视为一段梁，该微梁的刚度与梁的跨度成反比，当外界载荷与其成型受压方向相同时，金属橡胶元件体积减小，其内部接触点数量迅速增加，因此，随着变形量的增大，金属橡胶刚度也就表现出明显的非线性特性。

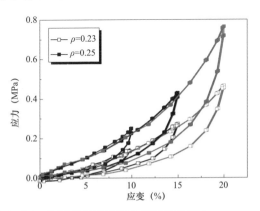

图 2-24　不同名义密度下金属橡胶的应力—应变曲线

从图 2-25 还可以发现，金属橡胶的刚度随名义密度的增大而提高，在压缩

应变为20%时，名义密度为0.23的金属橡胶的应力为0.47MPa，名义密度为0.25的试件的应力为0.76MPa。造成上述差异的主要原因是当试件的宏观体积相同时，试件的质量与名义密度成正比，试件名义密度越高，其单位体积内含有的金属微弹簧数量就越多，孔隙率越低，试件内部微弹簧线匝间接触点的数量就越大，试件的宏观刚度也就越高。但是名义密度的增大并未引起应力–应变曲线所包围面积的明显改变，因此，名义密度对金属橡胶的耗能能力影响较小。

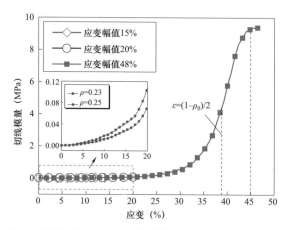

图2-25　不同名义密度、不同加载幅值下的金属橡胶的切线模量

金属橡胶的刚度为非线性，为了研究金属橡胶非线性的变化规律，通过应力对应变的求导而得到其切线模量，图2-25给出了不同名义密度、不同加载幅值下的金属橡胶的切线模量。可以发现，随着应变的增加，金属橡胶的切线模量也在非线性提高，当压缩应变小于20%时，金属橡胶的切线模量增长缓慢，当压缩应变大于30%以后，切线模量迅速提高，当压缩应变大于45%以后，其增加的速率再次降低。造成上述现象的原因如下：当压缩应变较小时，金属橡胶的变形主要由其内部的空隙承担，微弹簧线匝接触点数量较少，因此其刚度较小，变化缓慢；而当压缩应变达到某值后，材料的孔隙率迅速减小，金属橡胶内部的微弹簧充分接触并相互挤压，其切线模量会急剧增加；当压缩应变达到某值后，孔隙率几乎为零，此时刚度的贡献主要来自金属丝之间的挤压作用，因此其刚度增加将变缓并最终趋近于金属丝的弹性模量。

2.2　三维隔震体系设计

2.2.1　主变设备三维隔震设计方法

在既有三维隔震理论的基础上，本节针对主变设备的动力特性，提出了主变压器隔震设计参数及目标。

1. 设计地震动、允许振动参数

设计参数主要包括场地卓越周期、设防烈度及未来可能遭遇地震的地震动峰值等设备安装所在地的参数。主变设备三维隔震地震动输入原则及参数可参考相关规范、国家有关文件及工程场地地震安全性评估报告。

允许振动参数反映了主变压器及套管的抗震能力,主变压器及套管的抗震能力评估及允许振动参数常采用试验法、类比法及分析计算确定。试验法采用直接试验的方法确定主变压器及套管的抗震能力,如进行主变压器套管的振动台试验或抗弯试验等;而类比法则根据相似设备的抗震能力来评估其抗震能力,可先调查每项设备的结构构成,判断该项设备的震动易损部件,再根据结构类型与结构易损部件类型,选择相似结构动力学性质或具有相同易被震动损坏部件的设备评估出该项设备的抗震能力并类比到要评估的设备上去。分析计算根据抗震设计反应谱法或动力时程分析方法确定主变压器及套管的抗震能力。

2. 隔震设计目标

通过分析主变压器及套管体系的抗震能力及可能遭遇地震的加速度响应,可初步得到变压器及套管期望的隔震设计目标:

(1) 小震以及中震情况下,主变压器油箱顶部加速度低于设计允许振动加速度,套管完好,主变压器功能良好。

(2) 大震情况下,主变压器油箱顶部套管应变、套管加速度正常,主变压器功能良好。

3. 主变设备三维隔震支座设计及布置原则

(1) 主变设备三维隔震支座设计原则。主变压器及套管体系相比对于建筑结构而言,吨位较小,使得主变压器及套管体系的隔震型式较普通结构复杂。在进行主变设备三维隔震时,首先需要将隔震体系的水平运动与竖向运动进行科学、合理、有效的解耦,以保证水平隔震体系和竖向隔震体系的独立工作,充分发挥其性能。之后,竖向隔震体系可通过简化的主变设备模型依据经典隔震理论、设计谱和拟选用的隔震装置类型进行隔震周期、体系位移以及阻尼比等参数的计算和分析;非线性水平隔震体系的设计需要结合主变设备地震设计谱、小曲率滑动摩擦摆和金属橡胶力学模型进行设计,综合考虑体系隔震加速度、隔震体系位移等的隔震效果,初步设计时可按照标准时程波大震激励下金属橡胶出力占联合隔震支座的 50% 进行估算,并进一步进行优化。

(2) 主变设备三维隔震支座布置原则。在进行支座布置时首先需要根据主变压器各部件的位置分布和重量计算结构的质量中心:① 对于质量中心与主变压器几何中心偏差不大(小于主变压器宽度尺寸的 10%)的可按照对称分布原则布置隔震支座；② 当质量中心与主变压器几何中心偏差较大时，需要调整隔震支座分布，以减小体系的摇摆响应；③ 对于长度尺寸与宽度尺寸之比大于3的主变压器设备，需要考虑在宽度方向增设承力架来适当增加隔震支座在该方向上的间距。

4. 隔震设计分析与验算

（1）隔震设计时程分析方法。动力时程反应分析是验证主变压器及套管隔震体系抗震性能的有效手段，既能求得隔震层的剪力和位移反应，还能求得上部结构的加速度、内力等反应的分布情况；对于三维隔震体系，需要通过输入三向地震动激励研究主变设备隔震体系的地震响应。由于变压器及套管体系的模型较为复杂，精确建模的难度较大，且隔震结构与输入地震动的频谱特性有较大关系，也可结合简化多质点模型进行补充动力时程分析，以充分把握主要部件的地震响应。

（2）隔震设计目标验算。设计验算主要有主变压器箱体加速度隔震率、套管加速度隔震率、套管应变隔震率和隔震层位移等是否符合隔震设计目标的要求。

（3）主变压器抗倾覆验算。由于主变压器的重心较高，且侧向尺寸较小，因此变压器的侧向倾覆是变压器地震灾害中常见事故，尤其是采用三维隔震技术后，隔震支座有一定的高度，更增加了侧向倾覆的可能性。在三维隔震支座设计完成之后，需要进行单向、双向以及三向地震激励下的时程分析，验算隔震支座的竖向反力、相邻隔震支座间的竖向位移差值，以确定主变压器的摇摆响应是否超过限值，必要时需要增设抗倾覆措施。

下文给出了缩尺主变压器振动台试验模型的隔震设计过程，并对1000kV的主变压器原型进行了三维隔震设计与分析。

2.2.2 缩尺主变设备竖向隔震设计与分析

基于前述分析和设计，在对主变压器缩尺模型竖向隔震分析的基础上确定隔震支座参数。主变压器模型基本参数如下：主变压器原型质量为570t，主变压器缩尺模型几何缩尺比约为1:5，缩尺模型的质量为12.5t。设计目标是通过采用竖向隔震方法，实现主变压器箱体以及瓷套管部件的竖向振动峰值加速度降低（50%左右），以提高主变类设备在地震中的安全性。

主变压器有限元模型箱体采用实体单元，其上部套管构件采用框架（Beam单元），在实际振动台试验中，竖向隔震与水平隔震之间的连接板质量约为1506kg，建模时将其考虑到变压器模型中，确保增加配重后，模型的总质量与缩尺模型质量设计值一致，见图2-26。

结构前6阶振型图如图2-27所示，前6阶频率如表2-8所示。

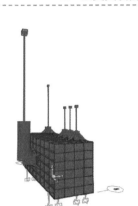

(a)   (b)

图 2-26　主变压器有限元模型

（a）视图 1；（b）视图 2

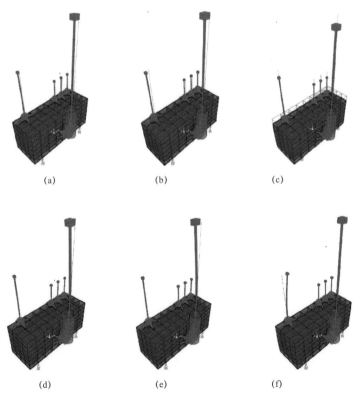

(a)   (b)   (c)

(d)   (e)   (f)

图 2-27　结构前 6 阶振型

（a）第一阶振型；（b）第二阶振型；（c）第三阶振型；

（d）第四阶振型；（e）第五阶振型；（f）第六阶振型

表 2-8 前 6 阶 频 率 列 表

振型	频率（Hz）	周期（s）	描述
第一阶	0.74	1.34	整体侧向振型
第二阶	1.46	0.69	整体侧向振型
第三阶	1.58	0.63	竖向一阶振型
第四阶	3.82	0.26	高套管振型
第五阶	4.22	0.24	高套管振型
第六阶	8.86	0.11	中套管振型

由于竖向隔震体系还需考虑结构自重、变形、摇摆倾覆等影响，较难将基本频率降至 1.0Hz 甚至更低。根据表 2-8 的计算结果，经过竖向隔震以后，本模型的竖向一阶振动频率为 1.58Hz，该数值与多篇文献中的竖向隔震体系的基本频率接近。

《建筑抗震设计规范》（GB 50011—2010）规定，采用时程分析法时，应按建筑场地类别和设计地震分组选用实际强震记录和人工模拟的加速度时程曲线，其中实际强震记录的数量不应少于总数的 2/3，其平均地震影响系数曲线应与振型分解反应谱法所采取的地震影响系数曲线在统计意义上相符。在计算分析时采用振动台试验时选用的地震波记录时程图如图 2-28 所示。

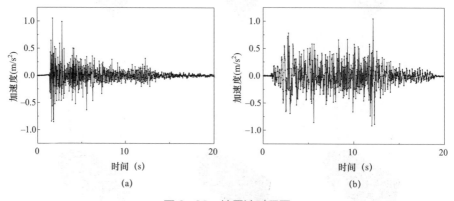

图 2-28 地震波时程图

（a）El Centro 地震波；（b）标准时程波

在前述建立的竖向隔震模型基础上，通过参数筛选及优化，确定了竖向隔震支座及阻尼设备情况为：主变压器缩尺模型采用四个竖向隔震支座，每个支座由 4 个螺旋弹簧+1 个粘滞阻尼器组成，共计 16 个螺旋弹簧和 4 个粘滞阻尼器，相关参数如表 2-9 所示。

表 2-9 隔 震 体 系 参 数

物理量	参数	物理量	参数
单个弹簧参数			
弹簧刚度	75kN/m	弹簧初始预压量	101.8mm
弹簧丝径	18mm	弹簧外径	120mm
弹簧初始长度	430 mm	弹簧圈数	15 圈
单个阻尼器参数			
阻尼系数	8kN·m/s	阻尼指数	0.3
阻尼器尺寸（含连接）	约 780mm	阻尼器外径	60mm

注　模型中每个竖向隔震支座采用两个阻尼器模拟，故阻尼系数、阻尼器刚度均取为表中数值的一半。阻尼器尺寸图见图 2-29。

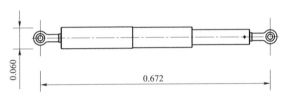

0.060

0.672

图 2-29　阻尼器尺寸图

基于上述隔震支座参数，计算分析了不同 PGA 下三条地震记录以及反应谱作用下的主变压器模型地震响应，并分析了相应的隔震效果。恒荷载作用下的支座总反力为 12.2kN，即上部结构的总质量为 12.45t，与模型质量基本一致。

不同 PGA 的竖向地震波作用下箱顶加速度峰值如表 2-10 所示，这里主要通过对比分析台面输入与模型箱顶加速度峰值来衡量竖向隔震体系的隔震效率。

从表 2-10 可以看出，地震动输入峰值较小时，竖向体系隔震效率稍低，约在 30% 左右；随着地震波输入峰值的提高，体系隔震效率有所提升，当 PGA 达到 0.3g 以上时，地震动时程激励下的竖向隔震效率超过 50%；反应谱激励下，体系隔震效果基本在 35% 左右，大震下的隔震效率可超过 45%。

表 2-10 不同加速度峰值下箱顶加速度响应峰值 （m/s²）

工况	人工波	El Centro 波	汶川波	反应谱
0.1g	0.77	0.67	0.70	0.65
隔震率（%）	23	33	30	35
0.2g	1.09	0.89	0.93	1.31
隔震率（%）	45.5	55.5	53.5	34.5

续表

工况	人工波	El Centro 波	汶川波	反应谱
0.3g	1.44	1.06	1.03	1.95
隔震率（%）	52	66	66	35
0.4g	1.90	1.18	1.14	2.62
隔震率（%）	52.5	70.5	71.5	34.5
0.5g	2.42	1.32	1.26	3.28
隔震率（%）	51.6	73.6	74.8	34.4
0.6g	2.93	1.46	1.39	3.25
隔震率（%）	51.1	75.7	76.8	45.8

从表 2-11 可以看出，当采用均方根值作为衡量指标时，隔震器的效率有所降低，但在大震及超大震情况下的隔震效率可以接近 50%。

表 2-11　　　不同加速度峰值下箱顶加速度响应均方根值（RMS）　　　（m/s²）

工况	人工波	El Centro 波	汶川波
0.1g	0.244	0.159	0.162
隔震率（%）	-15.1	-13.7	0.4
0.2g	0.388	0.238	0.237
隔震率（%）	8.5	15	30.3
0.3g	0.517	0.299	0.294
隔震率（%）	18.8	28.8	19.4
0.4g	0.634	0.349	0.343
隔震率（%）	25.3	37.6	47.3
0.5g	0.749	0.393	0.386
隔震率（%）	29.4	43.8	52.6
0.6g	0.868	0.434	0.428
隔震率（%）	31.8	48.3	56.2

不同加速度峰值下支座位移幅值见表 2-12。在不同 PGA 地震记录作用下，隔震支座的竖向位移幅值为 18.4 mm，以反应谱输入作为估计时，最大位移量接近 40 mm，该值可以作为弹簧长度估算时的上限值参考值。

表 2-12 不同加速度峰值下支座位移幅值 （mm）

工况	人工波	El Centrol 波	汶川波	反应谱
0.1g	0.69	0.41	0.45	6.64
0.2g	0.87	0.88	0.72	13.3
0.3g	4.6	1.7	1.2	19.9
0.4g	8.2	2.8	1.6	26.5
0.5g	13.1	3.6	2.5	33.2
0.6g	18.4	4.6	3.8	39.8

不同加速度峰值下单个隔震支座中的阻尼器最大出力见表 2-13。在不同 PGA 地震记录作用下，阻尼器的最大出力出现在标准时程波工况，为 5.24kN。因此，基于上述结果，本文将阻尼器的最大出力值确定为 10kN，阻尼器活塞杆的行程设置为±80mm。

表 2-13 不同加速度峰值下单个隔震支座中的阻尼器最大出力 （kN）

工况	人工波	El Centrol 波	汶川波
0.1g	2.24	1.94	2.01
0.2g	3.1	3.02	2.71
0.3g	3.78	3.02	3.06
0.4g	4.26	3.24	3.34
0.5g	4.74	3.44	3.56
0.6g	5.24	3.66	3.80

为了验证模型计算的正确性，这里将理论参数与实际产品参数进行了对比分析：弹簧厂提供的弹簧刚度计算值为 74.6 kN/m，与模型理论值一致；阻尼器设计公司提供的参数如图 2-30 所示。将前述数值模型中隔震支座的理论参数更新至实际产品参数后，重新对隔震体系进行了计算分析。

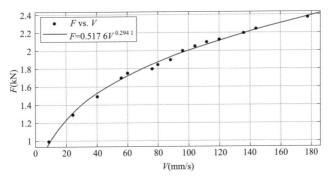

图 2-30 阻尼器产品参数图

根据量纲变换，可得国际标准单位下阻尼器出力—速度之间的关系表达式为

$$F=3947.2 \cdot v^{0.2941}$$

由表 2-14 可以看出，按照实际弹簧参数和实际阻尼器参数计算得到的体系竖向隔震效果与理论参数计算结果基本一致，验证了模型的正确性。主变压器模型在地震波激励下的地震响应如下：

表 2-14　　　　峰值加速度 0.5g 时阻尼器理论参数和
实际参数对计算结果的影响

物理量	人工波	El Centro 波	汶川波
箱顶加速度峰值（m/s²）	2.43/2.42	1.32/1.32	1.25/1.26
位移峰值（mm）	13.1/13.1	3.60/3.60	2.47/2.50
阻尼器最大出力（kN）	2.37/2.37	1.73/1.72	1.79/1.78

注　*/*表示理论参数计算结果/实际参数计算结果。

峰值加速度 0.5g 地震波作用下的主变压器模型加速度时程如图 2-31 所示。
峰值加速度 0.5g 地震波作用下隔震支座位移时程如图 2-32 所示。

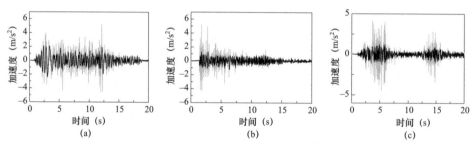

图 2-31　PGA＝0.5g 竖向地震作用下的加速度时程图
（a）人工波；（b）El Centro 波；（c）汶川波

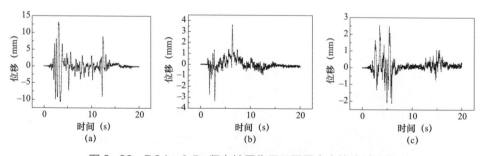

图 2-32　PGA＝0.5g 竖向地震作用下隔震支座位移时程图
（a）人工波；（b）El Centro 波；（c）汶川波

峰值加速度 0.5g 地震波作用下的阻尼器荷载—位移关系曲线如图 2-33 所示。由于模型中每个支座出使用了两个阻尼器，故实际工程中每个隔震支座的阻尼器出力数值为图中的两倍。

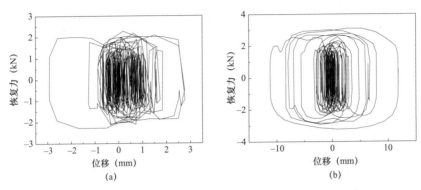

图 2-33　PGA＝0.5g 竖向地震作用下阻尼器荷载—位移曲线

（a）人工波；（b）El Centro 波

2.2.3　缩尺主变设备三维隔震仿真

基于上述参数，建立了主变设备三维隔震模型，模型中考虑了连接钢板、摩擦摆等的质量。整体模型在重力作用下的总反力为 121.89kN，即质量为 12.43t，与试验模型一致。上平台板四个角点在重力作用下的竖向位移分别为 101.7、101.7、101.8、101.8mm，与理论设计值 101.8mm 一致。计算得到的三维隔震体系的前六阶振型的频率分别为 0.25、0.25、1.56、3.72、4.06、8.69Hz，见表 2-15。第一、二阶振型分别为整体平动振型，第三阶振型是变压器模型在竖直方向上下振动。变压器模型的对应各阶振型的模态分布图如图 2-34 所示。

表 2-15　　　　　　　　　　　前 6 阶 频 率 列 表

振型	频率（Hz）	周期（s）	描述
第一阶	0.25	3.98	整体水平振型
第二阶	0.25	3.99	整体水平振型
第三阶	1.56	0.64	竖向一阶振型
第四阶	3.72	0.27	高套管振型
第五阶	4.06	0.25	高套管振型
第六阶	8.69	0.12	中套管振型

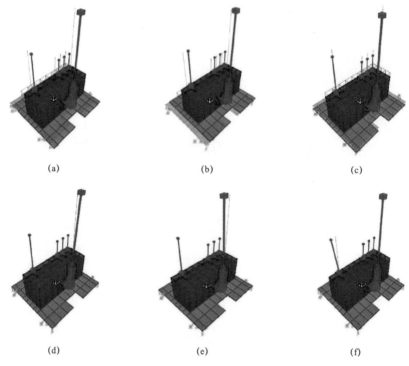

图 2-34　主变设备三维隔震体系振型图

（a）f1；（b）f2；（c）f3；（d）f4；（e）f5；（f）f6

　　根据表 2-15 的计算结果，经过竖向隔震以后，本模型的竖向一阶振动频率为 1.56 Hz。《建筑抗震设计规范》（GB50011-2010）规定，采用时程分析法时，应按建筑场地类别和设计地震分组选用实际强震记录和人工模拟的加速度时程曲线，其中实际强震记录的数量不应少于总数的 2/3，其平均地震影响系数曲线应与振型分解反应谱法所采取的地震影响系数曲线在统计意义上相符。在计算分析时采用振动台试验时选用的三条地震记录：El Centro 波，汶川波和人工波，其波形图如图 2-35 所示。

　　基于选用的隔震支座参数，分别计算分析了不同 PGA 下三条地震记录及反应谱作用下的主变压器模型的地震响应，并分析了相应的隔震效果。不同 PGA 水平地震波作用下套管底端加速度峰值如表 2-16 所示，不同 PGA 竖向地震波作用下箱顶加速度峰值如表 2-17 所示。

　　部分工况下主变设备在未隔震/隔震工况下的水平、竖向加速度时程以及水平地震动作用下瓷套管根部弯矩时程分别如图 2-36～图 2-38 所示。

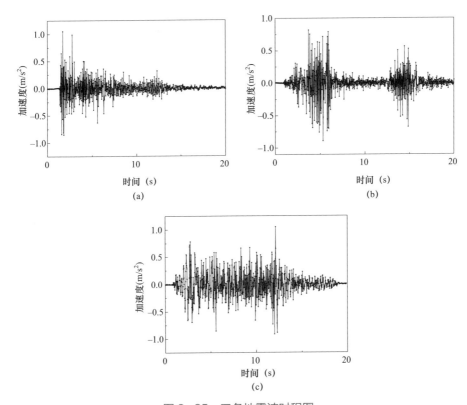

图 2-35 三条地震波时程图

（a）El Centro 地震波；（b）汶川波；（c）人工波

表 2-16 套管底端加速度反应峰值 （m/s²）

地震波	方向	加速度峰值（m/s²）		均方根值		峰值隔震效果	均方根值隔震效果
		未隔震	隔震	未隔震	隔震		
0.3g 汶川波	X	4.85	1.34	0.57	0.11	72.45%	81.22%
	Y	11.80	1.56	1.23	0.15	86.78%	88.06%
0.3g El Centro	X	4.00	2.24	0.59	0.18	44.07%	69.43%
	Y	6.99	1.81	1.26	0.23	74.14%	81.85%
0.3g 人工波	X	6.65	2.60	1.04	0.25	60.96%	76.06%
	Y	10.86	2.11	1.90	0.24	80.58%	87.22%
0.5g 汶川波	X	7.91	2.75	0.87	0.17	65.22%	80.69%
	Y	21.10	4.59	1.88	0.28	78.23%	85.17%
0.5g El Centro	X	6.85	2.58	1.00	0.27	62.36%	72.42%
	Y	13.35	4.96	2.34	0.39	62.84%	83.47%
0.5g 人工波	X	10.72	2.83	1.58	0.40	73.64%	74.81%
	Y	15.99	3.10	2.46	0.38	80.63%	84.71%

表 2-17　　　　　　　　不同加速度峰值下箱顶加速度响应峰值　　　　　　　　（m/s²）

工况	人工波	El Centro 波	汶川波	反应谱
0.1g	0.77	0.67	0.70	0.65
隔震率（%）	23	33	30	35
0.2g	1.09	0.89	0.93	1.31
隔震率（%）	45.5	55.5	53.5	34.5
0.3g	1.44	1.06	1.03	1.95
隔震率（%）	52	66	66	35
0.4g	1.90	1.18	1.14	2.62
隔震率（%）	52.5	70.5	71.5	34.5
0.5g	2.42	1.32	1.26	3.28
隔震率（%）	51.6	73.6	74.8	34.4
0.6g	2.93	1.46	1.39	3.25
隔震率（%）	51.1	75.7	76.8	45.8

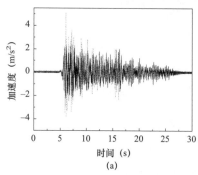
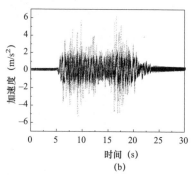

图 2-36　水平地震作用下未隔震/隔震工况箱顶加速度时程曲线

（a）El Centro 波，PGA = 0.5g；（b）人工波，PGA = 0.5g

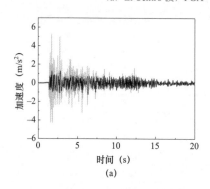
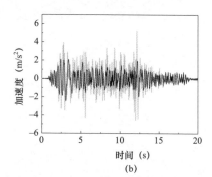

图 2-37　竖向地震作用下未隔震/隔震工况箱顶加速度时程曲线

（a）El Centro 波，PGA = 0.5g；（b）人工波，PGA = 0.5g

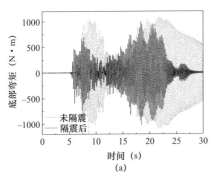
(a)

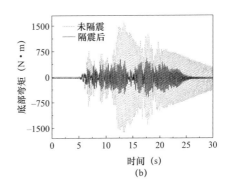
(b)

图 2-38　水平地震作用下未隔震/隔震工况套管底部弯矩时程

（a）El Centro 波，PGA = 0.5g；（b）人工波，PGA = 0.5g

从表 2-16 可以看出，主变设备三维隔震装置的水平隔震效果可以满足隔震效率 50%的目标；从表 2-17 可以看出，三维隔震装置的竖向隔震效率随着地震波输入峰值的提高有所提升，当 PGA 达到 0.3g 以上时，竖向隔震效率超过 50%。当采用均方根值作为衡量指标时，大震及超大震情况下的隔震效率可以达到或超过 50%，与三维隔震振动台试验结果基本一致。

2.3　基于金属橡胶的三维隔震装置

金属橡胶（metallic rubber）是将细金属丝卷成弹簧卷，再经过编织、冲压成型而成的弹性多孔材料。由于其内部结构是金属丝相互交错勾联形成的空间网状结构，类似于橡胶的大分子结构，且具有橡胶般的弹性因而得名。在外加载荷作用下，金属丝弹簧卷之间将发生摩擦、滑移、挤压和变形，耗散大量的能量而起到阻尼隔震作用，具有阻尼大、质量轻、柔韧性好、吸收冲击能、不惧高低温作用以及不易老化等特点；重要的是，金属橡胶的应力—应变关系呈现出显著的非线性硬化特性，对于限制体系过大位移有明显的优势。目前由金属橡胶制成的隔震器由于在高低温、腐蚀环境等特种工况下均具有良好的隔震性能，因此，在工程机械、军事、航空航天、海洋船舶等领域均有应用，但金属橡胶材料在电力设施隔震中仍比较少见。

2.3.1　金属橡胶三维隔震装置

新型三维隔震支座利用金属橡胶应变硬化的特性，对传统的摩擦摆支座进行改造，使其在水平方向隔震具备准零刚度特性，并且获得竖向隔震能力。三维隔震支座示意图及上部水平隔震支座照片如图 2-39 所示。

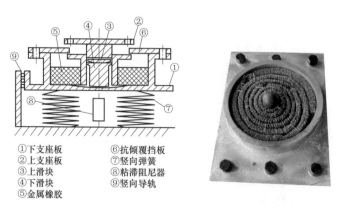

①下支座板 ⑥抗倾覆挡板
②上支座板 ⑦竖向弹簧
③上滑块 ⑧粘滞阻尼器
④下滑块 ⑨竖向导轨
⑤金属橡胶

图 2-39 三维隔震支座示意图及上部水平隔震支座照片

新型三维隔震支座在竖向地震力的作用下，通过弹簧阻尼装置实现隔震。竖向导轨装置实现了竖向和水平位移的分离。新型三维隔震支座通过下支座板的球曲面实现上支座板、上滑块及下滑块在水平方向的运动。其中下滑块保证上部结构、上支座板、上滑块及下滑块能够产生相对于下支座板的位移。上支座板、上滑块与下滑块的相对滑动则能够在一定程度上保证上部结构与上支座板相对承台保持水平。在水平地震动的作用下，上支座板、上滑块及下滑块产生水平位移，引起金属橡胶水平隔震环变形，以此消耗地震能量，实现对横向地震动的隔离。

2.3.2 金属橡胶三维隔震支座循环加载试验

本试验采用电液伺服作动器以及液压千斤顶完成加载，其中作动器水平最大出力为 100kN，最大行程为±125mm，采用实心柱式压力传感器测量轴向压力，利用 LVDT 式位移传感器测得摩擦摆支座上盖板水平位移，采用数采设备完成实验数据的采集和记录。试验反力架具有足够的刚度，构造简单、加载方便。

1. 试件安装

由下到上依次将反力架、垫高支架、摩擦摆支座下底板、摩擦摆支座上盖板、水平加载夹具使用高强螺栓相连接，采用高强螺栓将水平作动器与水平加载夹具相连接，从而实现水平向的往复剪切加载，使用滚轴支座承接其上部的液压千斤顶，从而实现轴向恒压加载。隔震支座试验实际连接图和示意图分别如图 2-40 和图 2-41 所示。

2. 加载方案

首先操作油泵及千斤顶，对隔震支座施加额定的压力荷载，之后，采用位移控制的加载方式，利用 MTS 液压伺服作动器对隔震支座上盖板施加往复水平荷载。依据振动台试验中隔震支座所受的实际竖向荷载，施加的竖向压力荷载分别为 11.25、31.25kN。水平向加载频率分别为 0.005、0.01、0.015Hz 和 0.02Hz，水平加载幅值分别为20、40、60mm，每次加载循环4圈，具体的工况汇总如表2-18所示。

图2-40 试件加载实物图

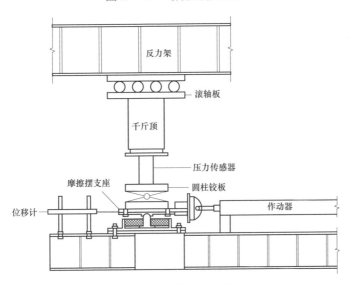

图2-41 试件加载示意图

表2-18 试 验 加 载 工 况

工况	竖向压力（kN）	加载频率（Hz）	位移幅值（mm）
1-1			20
1-2	11.25	0.01	40
1-3			60
2-1			20
2-2	31.25	0.01	40
2-3			60

续表

工况	竖向压力（kN）	加载频率（Hz）	位移幅值（mm）
3－1		0.005	
3－2	11.25	0.001	40
3－3		0.015	
3－4		0.02	
4－1		0.005	
4－2	31.25	0.001	40
4－3		0.015	
4－4		0.02	

3. 试验结果

（1）摩擦摆支座试验。摩擦摆支座在 11.25kN 轴向压力、0.01Hz 加载速率下的水平力滞回曲线如图 2－42 所示。

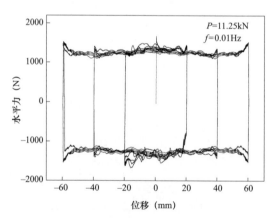

图 2－42　摩擦摆支座在 11.25kN 竖向压力、
0.01Hz 加载频率下的滞回曲线

可以发现，支座在各圈加载下的力—位移关系曲线基本重合，试验装置运行稳定，摩擦摆支座的滞回曲线非常饱满，支座耗能能力良好。在去除单向滚轴铰的摩擦系数 0.025 后，可以计算得到该工况下摩擦摆支座的滑动摩擦系数约为 0.072。

（2）金属橡胶—摩擦摆支座试验与分析。将摩擦摆支座内填充金属橡胶，进而组成联合隔震支座，金属橡胶—摩擦摆隔震支座在 11.25kN、0.01Hz 频率加载条件下力—位移滞回曲线如图 2－43 所示。

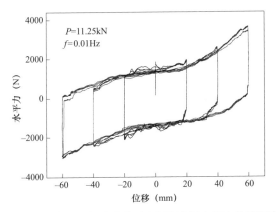

图 2-43 联合隔震摆支座在 11.25kN 竖向压力的滞回曲线

通过对比图 2-44～图 2-46 可以发现，金属橡胶可以明显提高隔震支座的恢复力，有效提升支座的耗能能力，在支座位移幅值达到 60mm 时，金属橡胶一摩擦摆隔震支座的水平出力超过单摩擦摆支座的一倍。

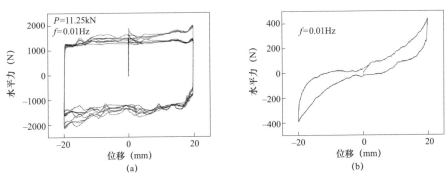

图 2-44 20mm 位移幅值下联合支座滞回曲线
（a）联合支座滞回曲线；（b）金属橡胶出力

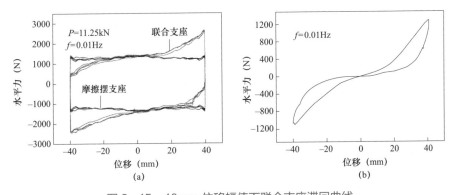

图 2-45 40mm 位移幅值下联合支座滞回曲线
（a）联合支座滞回曲线；（b）金属橡胶出力

49

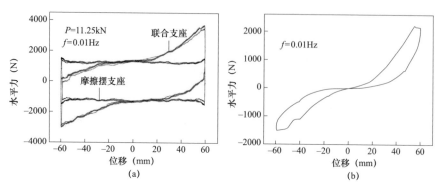

图2-46　60mm位移幅值下联合支座滞回曲线

（a）联合支座滞回曲线；（b）金属橡胶出力

　　图2-47为摩擦摆支座和金属橡胶—摩擦摆隔震支座在不同位移幅值下的金属橡胶出力情况。可以发现，在小位移幅值情况下，金属橡胶的出力较小，在20mm位移幅值时出力仅为0.2kN，而随着位移的不断增大，金属橡胶的出力不断提高，当支座位移幅值达到40mm时，金属橡胶出力贡献与摩擦摆支座基本处于同一水平。当位移增大到60mm时，金属橡胶的应变硬化特性完全发挥充分，出力超过2kN。

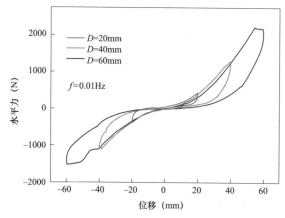

图2-47　不同位移幅值下金属橡胶出力对比

　　将各位移幅值下的金属橡胶滞回曲线进行对比后发现，除了应变硬化特性使支座限位能力和自复位性能有效提升外，金属橡胶的力—位移滞回曲线也较为饱满，耗能能力显著。

2.3.3　三维隔震支座隔震效率与参数优化

　　在前述分析的基础上，本节以箱体加速度响应和套管应变响应为指标，定义了三维隔震装置隔震率指标，公式为：

$$隔震率（加速度、应变）=\frac{抗震结构-隔震结构}{抗震结构}\times100\% \qquad （2-34）$$

选取摩擦摆的隔震周期 $T=4s$，对应的曲率半径 $R=3.97m$，摩擦系数 $\mu=0.05$，经过计算其在 $PGA=0.3g$ 地震动输入情况下，加速度峰值基本满足隔震率 50% 的要求，其中箱体底部水平向加速度响应及隔震率如表 2-19 所示。在 $PGA=0.5g$ 的标准时程波作用下，摩擦摆的位移峰值和残余位移均达到最大值，分别为 48.6mm 和 6.6mm。经过计算后选取滑块直径 $D=90mm$，摩擦摆支座尺寸半径 $Rr=155mm$。

（1）水平隔震隔震效果见表 2-19。

表 2-19　　　　　　　　箱体底部水平向加速度响应及隔震率

地震波	加速度峰值（m/s²）		峰值隔震率
	未隔震	隔震	
汶川波	3	1.23	59.0%
	5	2.50	50.0%
El Centro 波	3	1.24	58.7%
	5	2.41	52.0%
标准时程波	3	1.51	50.0%
	5	2.42	51.6%

从上表可看出，该体系水平隔震效果良好，隔震率均超过 50%。

（2）竖向隔震隔震效果。模型计算参数与上述相同，通过提取箱体竖向加速度响应峰值得到了竖向隔震率，如表 2-20 所示。

表 2-20　　　　　　　　箱体底部的竖向加速度响应及隔震率

地震波	加速度峰值（m/s²）		峰值隔震率
	未隔震	隔震	
汶川波	1	0.47	53.0%
	3	1.28	57.3%
	5	1.79	64.2%
El Centro 波	1	0.48	52.3%
	3	0.94	68.6%
	5	1.22	75.7%
标准时程波	1	0.46	54.3%
	3	1.22	59.3%
	5	2.14	57.28%

通过对比可知，随着输入地震动幅值不断增加，竖向隔震体系的隔震率不断提升，汶川波作用下隔震体系的隔震率要优于其余工况，在 $PGA=0.5g$ 的地震动作用下，主变设备箱体的加速度峰值隔震率均超过 50%。

（3）三维隔震装置的参数优化。水平向隔震参数优化已在 2.1 节详细描述，这里重点针对主变压器模型的竖向隔震性能进行参数优化。基本设计参数选取过程如下：初步选取阻尼指数 0.3，分别计算不同刚度及不同阻尼系数下主变压器箱体底部的加速度响应峰值以及隔震层最大变形幅值，结果分别如图 2−48 和图 2−49 所示。通过对比发现，当竖向频率小于 1.5Hz 时，加速度响应峰值总体增长较小，当竖向频率大于 1.5Hz 时，加速度响应峰值随竖向隔震频率增大而迅速增大；当阻尼系数 $c\leqslant6kN\cdot(s/m)^{0.3}$ 时，隔震体系总体控制效果不好，部分竖向频率下竖向加速度会有放大现象；当阻尼系数 $c=8kN\cdot(s/m)^{0.3}$ 时，竖向频率低于 1.5Hz 的隔震体系竖向隔震效果良好。随着阻尼系数的增大，竖向频率低于 1.5Hz 的隔震体系的减震效果变化不大；隔震层竖向变形幅值随竖向隔震频率

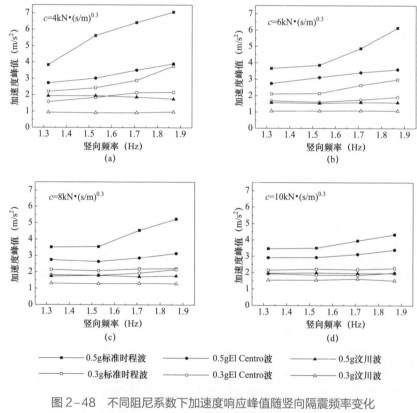

图 2−48 不同阻尼系数下加速度响应峰值随竖向隔震频率变化

（a）阻尼系数 $4kN\cdot(s/m)^{0.3}$；（b）阻尼系数 $6kN\cdot(s/m)^{0.3}$；

（c）阻尼系数 $8kN\cdot(s/m)^{0.3}$；（d）阻尼系数 $10kN\cdot(s/m)^{0.3}$

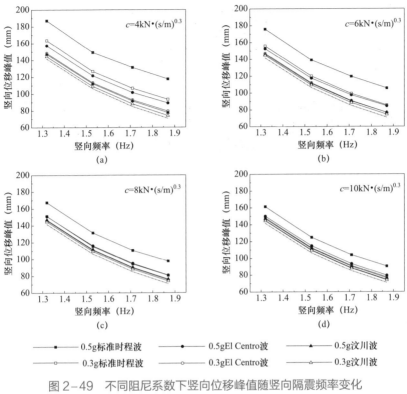

图 2-49 不同阻尼系数下竖向位移峰值随竖向隔震频率变化

（a）阻尼系数 4kN·(s/m)$^{0.3}$；（b）阻尼系数 6kN·(s/m)$^{0.3}$；

（c）阻尼系数 8kN·(s/m)$^{0.3}$；（d）阻尼系数 10kN·(s/m)$^{0.3}$

增大而减小；当隔震频率高于 1.7Hz 时，隔震层的位移响应随竖向频率提升而略有提高；随着阻尼系数的不断增大，隔震体系的地震位移响应峰值减小，表明黏滞阻尼器对结构竖向位移响应有一定的控制效果，但地震位移响应峰值的减小幅度随阻尼系数的增大而减小。

综上所述，考虑竖向加速度隔震效果以及竖向位移峰值这两个评判指标，并结合阻尼器的制作、安装等因素，最终确定阻尼指数 $\alpha=0.3$，弹簧刚度 k 和阻尼器的阻尼系数分别为 300kN/m 和 8kN·(s/m)$^{0.3}$。

2.4 振动台试验实例

针对研究的主变设备缩尺模型，本文开展了三维隔震振动台试验。实验室振动台尺寸为 3m×6m，频率范围 0.1~70Hz，最大加速度 1.0g，可以实现三个方向的地震动输入，试验现场布置如图 2-50 所示。

(a)   (b)

图 2-50   振动台现场试验照片

（a）全局图 1；（b）全局图 2

2.4.1   主变设备振动台试验模型

试验对象原型为第 2.1 节中 1000kV 主变压器，限于振动台尺寸及承载力，本次试验采用几何缩尺比为 1:5 的变压器模型，模型中包含变压器油箱、高压套管、中压套管和低压套管，主变压器模型下方布置四个新型三维隔震支座，隔震体系均按照前述三维隔震设计的参数进行生产。

2.4.2   主变设备振动台试验数据采集系统

本次振动台试验使用 KistlerA50 型加速度传感器、NS-WY06 1200 拉线式位移传感器和应变片分别测量对应测点的加速度、位移和应变。传感器布置方案如图 2-51 所示。

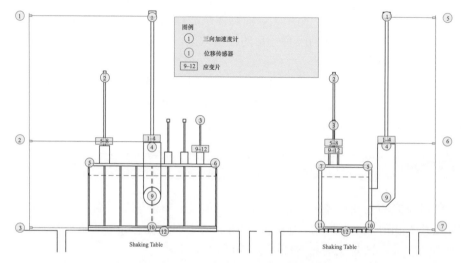

图 2-51   三维隔震试验传感器布置图

为研究隔震支座在不同地震记录下的隔震效果，本次振动台试验选取的工况如下：

（1）对模型进行白噪声激励以获得模型的基本动力特性；

（2）试验选取汶川波和 El Centro 两条地震动记录作为天然波进行激励；

（3）试验选取标准时程波作为人工模拟地震波进行激励。

试验中分别进行了小震、中震和大震下的模拟地震动输入，加速度峰值范围从 0.1g～0.5g，试验中详细测量和记录了主变设备、台面、套管等部位的加速度、位移和应变响应，并记录了隔震支座的位移响应时程，为新型三维隔震体系的隔震性能验证提供了重要的数据支撑。

2.4.3　主变设备三维隔震效果分析

加速度隔震效率是衡量隔震体系有效性的重要指标，本振动台试验重点研究了单向、双向和三向输入下主变设备未隔震和隔震后的地震响应。试验结果表明，提出的三维隔震装置具有良好的隔震效率，可以同时满足对水平、竖向及其联合激励下的隔震，上部结构摇摆较小。水平隔震支座和竖向隔震支座的震后残余位移很小，体系阻尼比高，具有很好的工程应用前景和推广价值。

限于篇幅，这里仅给出主变设备在大震激励下的主要部位的加速度响应峰值、应变峰值、位移峰值及其隔震效果。

在 PGA=0.5g 的标准时程波 X+Z 方向输入工况下，主变设备最大加速度、应变响应及其隔震效率如表 2-21 所示。

表 2-21　　　　　X+Z 方向输入下主变设备最大加速度响应、
应变响应及其隔震效率

通道名	非隔震 max	非隔震 min	隔震 max	隔震 min	非隔震值/输入	隔震值/输入	隔震率
高压套管 X 向加速度（m/s²）	43.77	−43.75	29.97	−28.13	7.97	5.01	0.37
高压套管 Z 向加速度（m/s²）	10.26	−10.83	3.74	−3.71	1.93	0.67	0.65
油箱 X 向加速度（m/s²）	7.32	−6.84	1.78	−1.82	1.33	0.30	0.77
油箱 Z 向加速度（m/s²）	6.44	−7.42	3.35	−3.69	1.32	0.66	0.50
台面 X 向加速度（m/s²）	5.49	−4.9	5.98	−4.76	—	—	—
台面 Z 向加速度（m/s²）	5.61	−5.08	5.61	−5.38	—	—	—
高压套管应变（$\mu\varepsilon$）	627.43	−610.81	435.23	−399	114.29	72.78	0.36
中压套管应变（$\mu\varepsilon$）	346.1	−346.97	160.95	−158.59	63.20	26.91	0.57
低压套管应变（$\mu\varepsilon$）	126.95	−119.12	36.02	−39.02	23.12	6.53	0.72

注　表格中的"—"表示振动台输入信号峰值，不存在隔震效率情况。

可见，安装三维隔震设备后，主变设备油箱的在 X 方向和 Z 方向的隔震效率均高于 50%，最高达到 77%。

台面地震动输入时程及其主变设备主要部位在隔震/未隔震条件下的加速度、应变对比时程如图 2-52～图 2-54 所示。

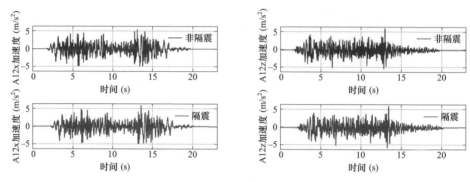

图 2-52　振动台台面地震动输入加速度时程

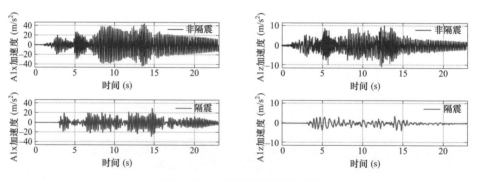

图 2-53　加速度隔震效果对比

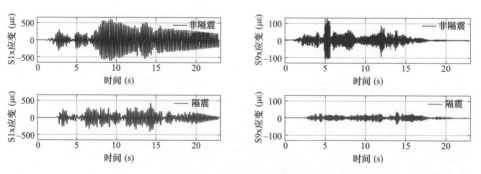

图 2-54　应变隔震效果对比

在 PGA=0.5g 的标准时程波 Y+Z 方向输入工况下，主变设备最大加速度、应变响应及其隔震效率如表 2-22 所示。

表 2-22 　　　　Y+Z 方向输入下主变设备最大加速度、
应变响应及其隔震效率

通道名	非隔震max	非隔震 min	隔震max	隔震min	非隔震值/输入	隔震值/输入	隔震率
高压套管 X 向加速度（m/s²）	72.56	−84.51	33.66	−37.33	15.23	7.04	0.54
高压套管 Z 向加速度（m/s²）	7.25	−11.78	5.06	−4.87	2.03	0.88	0.57
油箱 X 向加速度（m/s²）	11.81	−8.88	4.44	−3.67	2.13	0.84	0.61
油箱 Z 向加速度（m/s²）	4.9	−7.16	3.42	−3.52	1.24	0.61	0.50
台面 X 向加速度（m/s²）	5.55	−5.41	5.3	−4.79	—	—	—
台面 Z 向加速度（m/s²）	5.79	−5.1	5.75	−5.08	—	—	—
高压套管应变（με）	1089.84	−1212.7	573.33	−506.66	218.50	108.18	0.50
中压套管应变（με）	519.63	−461.67	251.44	−259.31	93.63	48.93	0.48
低压套管应变（με）	79.93	−78.62	50.41	−56.16	14.40	10.60	0.26

注　表格中的"—"表示振动台输入信号峰值，不存在隔震效率情况。

可以发现，安装三维隔震设备后，主变设备油箱的在 Y 方向和 Z 方向的隔震效率均高于 50%，最高达到 61%，高压套管的隔震效率也达到 50% 以上。

台面地震动输入时程及其主变设备主要部位在隔震/未隔震条件下的加速度、应变对比时程如图 2-55~图 2-57 所示。

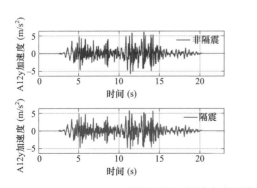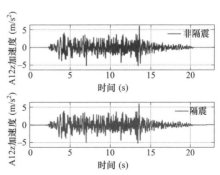

图 2-55　振动台台面地震动输入加速度时程

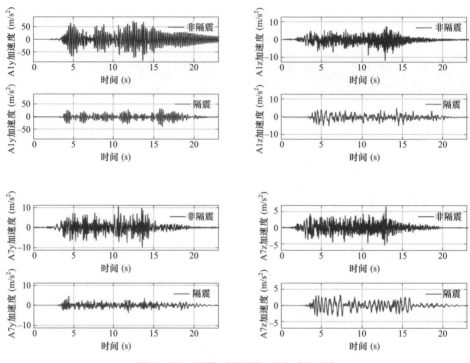

图 2-56　隔震/未隔震加速度时程对比

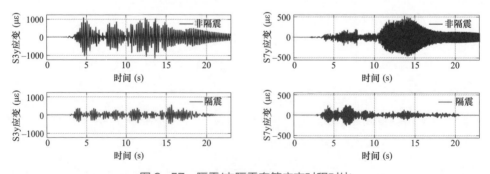

图 2-57　隔震/未隔震套管应变时程对比

在 PGA=0.5g 的汶川波 X+Z 方向输入工况下，主变设备最大加速度、应变响应及其隔震效率见表 2-23。

表 2−23　　　　　　　　X+Z 方向输入下主变设备最大加速度、
应变响应及其隔震效率

通道名	非隔震 max	非隔震 min	隔震 max	隔震 min	非隔震值/ 输入	隔震值/ 输入	隔震率
高压套管 X 向加速度（m/s²）	38.08	−37.65	25.45	−26.74	7.50	5.32	0.29
高压套管 Z 向加速度（m/s²）	9.87	−9.33	/	/	/	/	/
油箱 X 向加速度（m/s²）	5.61	−5.59	0.92	−1.15	1.10	0.23	0.79
油箱 Z 向加速度（m/s²）	4.86	−5.22	1.09	−1.1	1.87	0.31	0.83
台面 X 向加速度（m/s²）	5.08	−4.55	5.03	−4.36	—	—	—
台面 Z 向加速度（m/s²）	2.55	−2.79	3.51	−3.22	—	—	—
高压套管应变（$\mu\varepsilon$）	359.92	−350.63	/	/	/	/	/
中压套管应变（$\mu\varepsilon$）	299.29	−315.91	125.85	−129.48	62.19	25.74	0.59
低压套管应变（$\mu\varepsilon$）	130.05	−107.46	14.16	−12.92	25.60	2.82	0.89

注　1. 表格中的"—"表示振动台输入信号峰值，不存在隔震效率情况。

　　2. 表格中的"/"表示试验过程中该通道信号采集异常。

可以发现，安装三维隔震设备后，主变设备油箱的在 X 方向和 Z 方向的隔震效率均高于 70%，最高达到 83%，高压套管的隔震效率偏低，中压、低压套管隔震效率均高于 50%，最高达到 89%。

台面地震动输入时程及其主变设备主要部位在隔震/未隔震条件下的加速度、应变对比时程如图 2−58～图 2−60 所示。

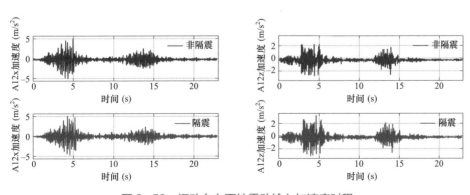

图 2−58　振动台台面地震动输入加速度时程

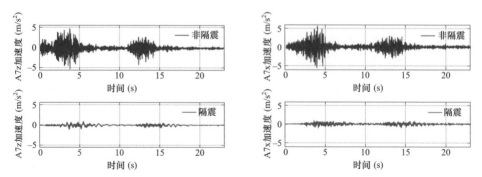

图 2-59　隔震/未隔震加速度时程对比

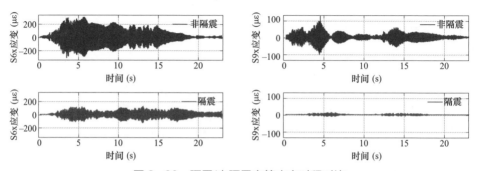

图 2-60　隔震/未隔震套管应变时程对比

在 PGA=0.5g 的汶川波 Y+Z 方向输入工况下，主变设备最大加速度、应变响应及其隔震效率见如 2-24 所示。

表 2-24　　　　　　　Y+Z 方向输入下主变设备最大加速度、应变响应及其隔震效率

通道名	非隔震 max	非隔震 min	隔震 max	隔震 min	非隔震值/输入	隔震值/输入	隔震率
高压套管 X 向加速度（m/s²）	70.86	−76.61	26.7	−25.95	12.44	4.23	0.66
高压套管 Z 向加速度（m/s²）	8.93	−10.6	2.84	−3.04	3.69	0.92	0.75
油箱 X 向加速度（m/s²）	9.68	−9.91	2.04	−2.14	1.61	0.34	0.79
油箱 Z 向加速度（m/s²）	6.19	−6.99	1.82	−1.88	2.44	0.57	0.77
台面 X 向加速度（m/s²）	6.16	−6.08	6.31	−5.33	—	—	—
台面 Z 向加速度（m/s²）	2.84	−2.87	3.27	−3.3	—	—	—

通道名	非隔震max	非隔震min	隔震max	隔震min	非隔震值/输入	隔震值/输入	隔震率
高压套管应变（$\mu\varepsilon$）	838.11	−938.76	368.29	−371.4	152.40	58.86	0.61
中压套管应变（$\mu\varepsilon$）	511.03	−497.03	/	/	/	/	/
低压套管应变（$\mu\varepsilon$）	121.32	−126.32	33.92	−35.31	20.51	5.60	0.73

注 1. 表格中的"—"表示振动台输入信号峰值，不存在隔震效率情况。

　　2. 表格中的"/"表示试验过程中该通道信号采集异常。

可以发现，安装三维隔震设备后，主变设备油箱的在 Y 方向和 Z 方向的隔震效率均高于 70%，最高达到 79%，高压、中压、低压套管的隔震效率高于 50%，最高达到 75%。主变设备主要部位在隔震/未隔震条件下的加速度、应变对比时程如图 2−61 和图 2−62 所示。

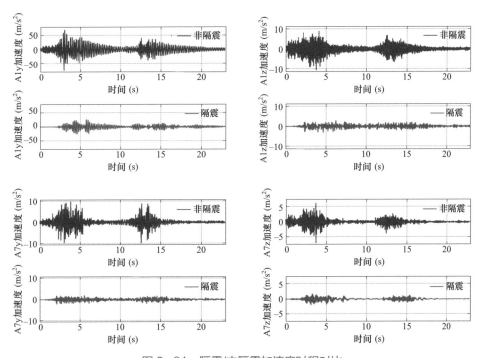

图 2−61　隔震/未隔震加速度时程对比

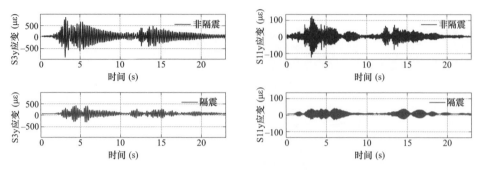

图2-62　隔震/未隔震应变时程对比

　　同时，隔震支座位移响应是衡量隔震系统性能的重要指标之一，可以直观反映隔震支座系统运行是否顺畅，也可以给出隔震体系的残余位移。本次试验分别测量了三维隔震体系的 X、Y、Z 三个方向的位移时程，得到了三维隔震体系在双向、三向激励下的支座位移响应（见图2-63～图2-65）。试验结果表明，隔震支座在三个方向运行顺畅、工作性能良好；同时，在多维激励下，隔震体系的残余位移较小，多数工况均在 1.0mm 以内，表明非线性弹性金属橡胶环对于减小隔震体系的残余变形发挥了重要作用。

　　在 $PGA=0.5g$ 标准时程波作用下，水平隔震支座的最大位移达到48mm，隔震支座竖向位移最大为 13.6mm，运行良好，无卡顿现象。在所有工况的试验完成以后，金属橡胶仍处于弹性状态，无明显损伤。

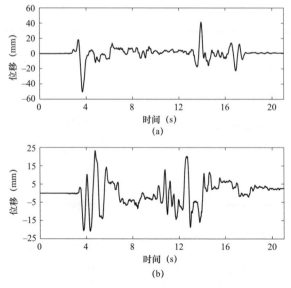

图2-63　标准时程波激励下，隔震支座水平位移，PGA＝0.5g

（a）标准时程波，X 位移时程图；（b）标准时程波，Y 位移时程图

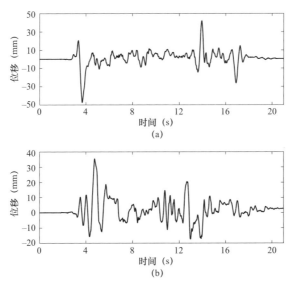

图 2-64 标准时程波 X-Y-Z 方向激励下，隔震支座水平位移，PGA=0.5g

（a）标准时程波，X 位移时程图；（b）标准时程波，Y 位移时程图

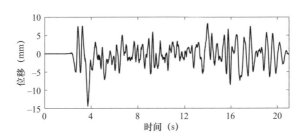

图 2-65 标准时程波 X-Y-Z 方向激励下，隔震支座 Z 向位移，PGA=0.5g

综上可知，提出的三维隔震支座体系在单向、双向和三向强地震动工况下的隔震效果良好，其中，X-Z、Y-Z 方向大震激励下，主变设备油箱的水平隔震效率平均值不低于 70%，竖向隔震率高于 50%，最高可达 80%以上；高压、中压、低压套管的地震响应平均值均高于 50%，最高可达 87%，隔震效果显著。

2.4.4　三维隔震支座等效阻尼比识别

根据主变设备缩尺模型振动台试验结果，可以根据随机减量法和 Spare Time Domain 方法（STD）对隔震体系（主变箱体）的加速度进行处理，进而得到体系的模态参数，这其中就包括体系的等效阻尼比。由于试验中的主变压器箱体自身的阻尼很小，可以忽略，此时得到的体系阻尼比即为隔震支座的等效阻尼比。

随机减量法（RDT）的原理是从结构的随机振动响应信号中提取结构自由衰减振动信号的一种处理方法，是为实验模态时域识别提供输入数据所进行的预处理。STD 法是 Ibrahim Time Domain 法（ITD）的一种可以节省时间的新解算过程，其基本思想同 ITD 法类似，通过对自由振动响应进行三次延时采样，构造自由响应数据的增广矩阵，根据自由响应的数学模型建立特征方程，求出系统特征值和特征向量，从而识别出系统的模态参数。在 STD 法计算过程中，可以直接构造 Hessenberg 矩阵，避免了 ITD 法中的对特征矩阵进行 QR 分解，使计算量大为降低，并可有效提高体系模态参数（阻尼比）的识别结果的精度。

依据主变模型振动台试验结果，通过对主变模型隔震后箱体的加速度时程数据进行 RDT 和 STD 分析，可以得到主变压器结构自由振动的衰减信号，并依据结构动力学中经典的阻尼比识别公式即可以得到隔震支座的等效阻尼比，识别原理和计算表达式如图 2-66 所示

$$\varsigma = \frac{1}{2\pi j} \ln \frac{A_i}{A_{i+j}} \tag{2-35}$$

式中：i 表示第 i 个周期；j 表示自该周期加速度波形沿时间轴向右数过的周期个数；A_i、A_{i+j} 表示对应周期的波峰的峰值加速度。

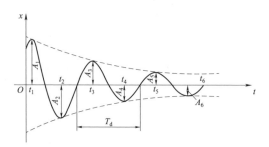

图 2-66　自由振动阻尼比识别原理

通过随机减量法对箱顶处的加速度传感器采得的信号进行模态参数识别处理，将箱顶处的加速度反应时程曲线转化成自由振动，从而确定隔震结构的阻尼比 ζ。图 2-67 给出了振动台试验过程中油箱顶部 X、Y、Z 三个方向上加速度响

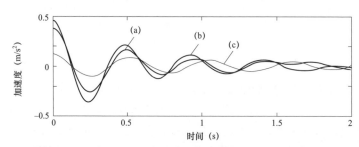

图 2-67　单向地震波作用下箱顶加速度时程自由衰减曲线
（a）标准时程波，PGA=0.5g，X 向；（b）标准时程波，PGA=0.5g，Y 向；
（c）El Centro 波，PGA=0.5g，Z 向

应的随机减量分析结果。通过自由振动阻尼识别原理，得到了隔震体系的等效阻尼比，如表 2-25 所示。

表 2-25 阻 尼 比 识 别 结 果

方向	幅值	El Centro 波	标准时程波	汶川波	阻尼比平均值
X	0.1g	0.162	0.225	0.039	
	0.3g	0.178	0.180	0.082	0.169
	0.5g	0.248	0.267	0.146	
Y	0.1g	0.158	0.177	0.202	
	0.3g	0.213	0.146	0.186	0.190
	0.5g	0.243	0.240	0.151	
Z	0.1g	0.121	0.092	0.056	
	0.3g	0.095	0.061	0.098	0.112
	0.5g	0.112	0.108	0.271	

由于基于随机减量法对地震动时程激励下的结构阻尼比识别仍可能存在偏差，因此，采用不同 PGA 的三条地震波激励下的结构阻尼比识别结果的平均值作为隔震体系的等效阻尼比：隔震体系在水平 X 方向、Y 方向的等效阻尼比分别为 16.9% 和 19.0%，Z 方向的等效阻尼比为 11.2%。可以发现，隔震体系在两个水平方向的等效阻尼比比较接近，且数值较高，符合提出的隔震支座几何对称特征和摩擦支座高耗能机理。因此，三维隔震支座在三个方向的阻尼比均明显高于8%。

<big><big><big><big>3</big></big></big></big>

支柱类设备减震设计技术

本章针对变电站（换流站）内的支柱类设备，介绍了减震设计方法与装置。包括支柱类设备—减震装置体系力学模型研究，减震设计方法，减震装置，振动台试验。通过减震装置的产品化设计，实现工程应用。

3.1 支柱类设备减震分析

3.1.1 支柱类设备的非线性力学模型

支柱类设备是变电站、换流站内重要的组成设备，地震作用下一旦发生折断，不但其自身功能将遭到破坏，还会造成相邻其他设备的拉断或砸毁，严重威胁电网的安全稳定运行。震害资料表明支柱类电气设备地震易损性较高，而且设备根部以及法兰胶装部位是抗震薄弱环节。对于瓷质设备，在建立其力学模型时，当瓷套管与法兰分别采用水泥胶装、弹簧卡式连接时，连接部分的弯曲刚度可以根据《电力设施抗震设计规范》（GB 50260—2013）确定。但上述建立模型是基于弹性理论，未考虑设备的非线性特征，虽然瓷是脆性材料，但由于支柱类电气设备连接部位的复杂性，尤其是法兰连接部位，其由支柱、水泥和金属法兰等胶装而成，在大震激励下，各材料间变形不协调，将会产生一定的非线性特征。因此，建立考虑非线性因素的支柱电气设备动力学模型和方程是电气设备抗震设计理论向精细化程度发展的必然需求。

电气设备的自振频率（自振周期）、阻尼比等动力特性是建立电气设备力学模型的基础，因此，必须了解和掌握不同电气设备的自振频率、阻尼比等动力特性，为建立更加准确的电气设备力学模型和方程奠定基础。

通过对不同等级电压的自振特性进行统计分析，电气设备的自振频率、自振周期随电压等级的分布见图3-1和图3-2，图3-3给出了电气设备不同自振周期的样本数量,自振周期的统计结果见表 3-1。对于超高压电气设备,自振周期平均值为 0.48s,平均值加一倍标准差为 0.69s。

表 3-1　　　　　　　　　　自 振 周 期 的 统 计

电压等级（kV）		≤220	330~750	>750	全部
样本数		22	70	28	120
自振周期（s）	最大值	0.85	1.16	1.33	1.33
	最小值	0.13	0.17	0.18	0.13
	平均值	0.32	0.48	0.78	0.52
	平均值+σ	0.52	0.69	1.08	0.80
	50%分位数	0.25	0.45	0.71	0.48
	55%分位数	0.27	0.49	0.77	0.50
	60%分位数	0.28	0.50	0.81	0.55
	65%分位数	0.29	0.53	0.84	0.59
	70%分位数	0.40	0.57	0.90	0.63
	75%分位数	0.42	0.59	0.98	0.67
	80%分位数	0.45	0.63	1.09	0.71
	84.1%分位数	0.48	0.67	1.16	0.82
	90%分位数	0.60	0.80	1.24	0.89

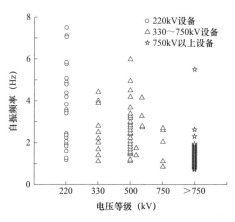

图 3-1　电气设备自振频率随电压等级的分布

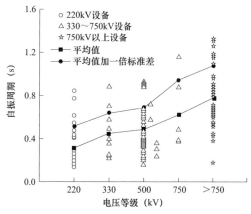

图 3-2　电气设备自振周期随电压等级的分布

分析高压、超高压、特高压电气设备的自振频率、阻尼比等动力特性参数支柱,220kV 及以下电压等级的电气设备、330~750kV 电压等级电气设备、750kV

及以上电压等级电气设备的自振周期的平均值分别为 0.32s（3.13Hz）、0.48s（2.08Hz）、0.78s（1.28Hz），平均值加一倍标准差分别为 0.52s（1.92Hz）、0.69s（1.45Hz）、1.08s（0.93Hz）。从调研分析到的数据可知，电气设备的阻尼比一般较小，220kV 及以下电压等级电气设备、330～750kV 电压等级电气设备和特高压电气设备的阻尼比平均值分别为 2.345%、3.18%、2.89%。因此，在对电气设备进行抗震分析时，为保证安全，阻尼比 2%为合理取值，另外由于特高压支柱类电气设备频率一般在 2Hz 左右，结构体系相对较柔，在抗震设计与计算时很有必要考虑非线性因素对其抗震性能的影响，以提高抗震分析结果的准确性。

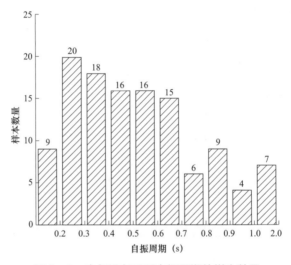

图 3-3　电气设备不同自振周期的样本数量

1. 支柱支柱类设备非线性力学模型

在对支柱电气设备动力特征进行统计分析的基础上，结合支柱电气设备的结构特点，建立合理的非线性力学模型。支柱电气设备为细长结构。有单节支柱设备，也有通过法兰连接的多节支柱设备。有直接安装在基座上的，也有安装在支架上，支架再与地面固定连接的。

另外，基础受到地震等外部运动激励时，支柱也随之运动。工程中通常在支柱与支架或基础之间安装各类减震装置以抑制支柱的地震响应。为研究支柱结构的非线性动力特性，下面分别将考虑法兰连接部位视为弹性连接的支柱整体结构、考虑法兰连接部位非线性特征的多节支柱结构，以及考虑支架和减震装置的结构特性，建立了支柱电气设备的动力学模型。

由于瓷是脆性材料，在地震及其他荷载作用下，其破坏前的状态基本处于弹性阶段，因此，在建立设备的力学模型时，瓷材料部分可按弹性结构处理。法兰连接部位的模拟是设备在地震作用下产生非线性特征的关键因素，因此，研究支柱设备的非线性地震响应规律分为两个步骤。第一，先建立无支架的支柱设备非线性动力学模型，这是后续建立带支架的支柱设备的非线性力学模型和方程的基础；第二，在第一步的基础上，建立包含支架的支柱设备动力学模型，为建立设备非线性动力学方程并分析设备的非线性地震响应规律奠定基础。

（1）无支架的支柱设备非线性动力学模型。实际工程应用中，存在部分支柱设备直接安装在防火墙或基础上的情况，支柱下端无支架，因此，本节对无支架的支柱电气设备开展非线性动力学模型研究，一方面为工程中不带支架的支柱设备非线性地震响应分析提供依据，另一方面，也为建立带支架的支柱支柱设备非线性动力学模型奠定基础。

以法兰连接的 4 节支柱设备为例，如图 3-4 所示。为研究其动力学特性，可将法兰连接部位简化为转动弹簧，4 段支柱元件通过法兰构成连续动力学结构，如图 3-5 所示。4 段支柱从下往上的转角分别为 θ_1、θ_2、θ_3、θ_4。

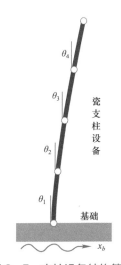

图 3-4　法兰连接支柱设备　　图 3-5　支柱设备结构简图

支柱设备之间通过法兰连接，每段支柱设备的上下两端分别有一个法兰。法兰与套管胶装部位的刚度，如图 3-6 所示。

上下法兰各有刚度产生，其合刚度相当于两个串联弹簧的等效刚度。若上段支柱底端法兰刚度为 k_{id}，下段支柱顶端法兰刚度为 $k_{(i-1)u}$，则两段支柱之间的等效刚度 k_i 为

$$k_i = \frac{k_{id} k_{(i-1)u}}{k_{id} + k_{(i-1)u}} \tag{3-1}$$

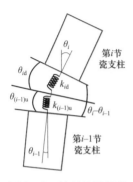

图 3-6 法兰连接部位

对于瓷质支柱上下法兰的弯曲刚度按照《电力设施抗震设计规范》（GB50260—2013）和《特高压瓷绝缘电气设备抗震设计及减震装置安装与维护技术规程》（Q/GDW 11132—2013）规定的公式计算得到

$$k_{id} = \beta_d d_d h_d^2 / t_d$$
$$k_{iu} = \beta_u d_u h_u^2 / t_u \qquad (3-2)$$

式中：d_u 和 d_d 为上下法兰与瓷套管胶装部位外径；h_u 和 h_d 为上下法兰与瓷套管胶装高度；t_u 和 t_d 为上下法兰与瓷套管之间的间隙距离；β_u 和 β_d 为上下法兰与瓷套连接部位弯曲刚度系数，当胶装部位瓷套管外径小于 275mm 时，取 6.54×10^7，当胶装部位瓷套管外径大于 375mm 时，取 5.0×10^7，当胶装部位瓷套管外径为 275～375mm 之间时，可线性插值获得。

若考虑法兰连接部位的立方非线性因素，则由支柱转动导致法兰连接部位的弯矩为

$$M_i = k_i[\theta_i - \theta_{i-1} + \eta(\theta_i - \theta_{i-1})^3] \qquad (3-3)$$

式中：η 为非线性刚度系数。

不考虑法兰连接部位的非线性特性时，法兰连接部位的刚度按照《电力设施抗震设计规范》（GB50260—2013）和《特高压瓷绝缘电气设备抗震设计及减震装置安装与维护技术规程》（Q/GDW 11132—2013）规定的公式计算得到，此时设备法兰连接部位的非线性刚度系数 η 取值为零。

若有 N_c 节支柱，则有 N_c 个法兰连接，法兰连接处总弹性势能为

$$U_k = \frac{1}{2}k_1\theta_1^2 + \frac{1}{4}\eta k_1\theta_1^4 + \sum_{i=2}^{N_c}\left[\frac{1}{2}k_i(\theta_i - \theta_{i-1})^2 + \frac{1}{4}\eta k_i(\theta_i - \theta_{i-1})^4\right] \qquad (3-4)$$

由于支柱转动导致支柱重力势能发生变化，总重力势能为

$$U_g = -\frac{1}{2}\sum_{i=1}^{N_c}m_i g\left(\sum_{j=1}^{i}L_j\theta_j^2 - \frac{1}{2}L_i\theta_i^2\right) \qquad (3-5)$$

支柱动能包含平动动能和转动动能，具体为

$$T = \frac{1}{2}\sum_{i=1}^{N_c}m_i v_{c,i}^2 + \frac{1}{2}\sum_{i=1}^{N_c}\frac{1}{12}m_i L_i^2 \dot{\theta}_i^2 \qquad (3-6)$$

其中 $v_{c,i}$ 为第 i 段支柱的质心速度。

下面以 4 段支柱设备为例，支柱的运动学分析如图 3-7 所示。第 1 节支柱底端法兰速度为

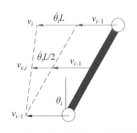

$$v_0 = \dot{x}_b \tag{3-7}$$

式中，x_b 为地震作用下地面的位移。

第 1 节支柱质心速度为

$$v_{c,1} = v_0 + \frac{1}{2}L_1\dot{\theta}_1 \tag{3-8}$$

第 2 节支柱质心速度为

图 3-7　第 i 段支柱速度关系

$$v_{c,2} = v_0 + L_1\dot{\theta}_1 + \frac{1}{2}L_2\dot{\theta}_2 \tag{3-9}$$

第 3 节支柱质心速度为

$$v_{c,3} = v_0 + L_1\dot{\theta}_1 + L_2\dot{\theta}_2 + \frac{1}{2}L_3\dot{\theta}_3 \tag{3-10}$$

第 4 节支柱质心速度为

$$v_{c,4} = v_0 + L_1\dot{\theta}_1 + L_2\dot{\theta}_2 + L_3\dot{\theta}_3 + \frac{1}{2}L_4\dot{\theta}_4 \tag{3-11}$$

（2）有支架的支柱设备非线性动力学模型。建立有支架的支柱电气设备开展非线性动力学模型，以法兰连接的 4 节支柱设备与格构式支架连接为例，如图 3-8 所示，各段支柱之间及支柱与支架之间通过法兰连接，支架与地面为固定安装。4 段支柱元件和支架通过法兰构成连续动力学结构，支架顶端转角为 θ_0，4 段支柱从下往上的转角分别为 θ_1、θ_2、θ_3、θ_4。

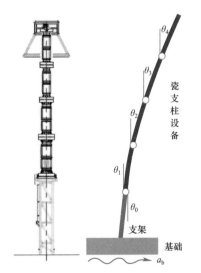

电气设备与支架体系的有限元建模可以分为两个主要部分，即支架部分和电气设备部分根据地震调研电气设备支架在地震作用下主要处于弹性状态，少有非线性行为发生，因此，在建立支架与电气设备的力学模型时，仅考虑支架的弹性参数即可。高压电气设备支架的两种主要形式为单柱支架（钢管）和钢管混凝土支架，对单柱式支架的参数计算方法及动力特性做详细分析。

单柱支架的动力特性较为简单，若忽略支架顶部连接法兰的质量，可简化为匀质悬臂梁模型，如图 3-9 所示，材料弹性模量为 E，密度为 ρ，外径为 D，内径为 d，截面面积为 A，高为 h，支架

图 3-8　支架与支柱结构及对应的力学模型

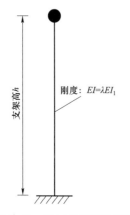

刚度：$EI=\lambda EI_1$

支架高 h

图 3-9 单柱支架计算意图

截面刚度为 EI，则

$$A = \frac{1}{4}\pi(D^2 - d^2) \tag{3-12}$$

$$I = \frac{1}{64}\pi(D^4 - d^4) \tag{3-13}$$

对钢管混凝土支架，考虑混凝土的截面刚度的贡献，则可计算等效截面面积和惯性矩为

$$A_{\text{eff}} = \frac{A_{钢管}\rho_{钢材} + A_{混凝土}\rho_{混凝土}}{\rho_{钢材}} \tag{3-14}$$

$$I_{\text{eff}} = \frac{E_{钢管}I_{钢材} + E_{混凝土}I_{混凝土}}{E_{钢材}} \tag{3-15}$$

等效后可按一般钢管截面的单柱支架进行分析。

以单柱支架固定端为原点，则支架上坐标为 x 的位置振动位移时程为 $y(x, t)$，根据悬臂梁自由振动的微分方程，有

$$\rho A \frac{\partial^2 y(x,t)}{\partial t^2} + \frac{\partial^2}{\partial x^2}\left[EI\frac{\partial^2 y(x,t)}{\partial x^2}\right] = 0 \tag{3-16}$$

上式的解对空间和时间是分离的，有

$$y(x,t) = Y(x)F(t) \tag{3-17}$$

方程的通解为

$$F(t) = C\sin(wt + \varphi) \tag{3-18}$$

$$Y(x) = C_1\sin(\beta x) + C_2\cos(\beta x) + C_3\,\text{sh}(\beta x) + C_4 ch(\beta x) \tag{3-19}$$

其中

$$\beta^4 = \frac{w^2\rho A}{EI} \tag{3-20}$$

边界条件为，对固定端，当 $x=0$ 时，有

$$Y(x) = 0, \frac{\mathrm{d}Y(x)}{\mathrm{d}x} = 0 \tag{3-21}$$

对自由端，当 $x=h$ 时，有

$$EI\frac{\mathrm{d}^2 Y(x)}{\mathrm{d}x^2} = 0, \frac{\mathrm{d}}{\mathrm{d}x}\left[EI\frac{\mathrm{d}^2 Y(x)}{\mathrm{d}x^2}\right] = 0 \tag{3-22}$$

将振动微分方程的通解代入边界方程，可得单柱支架的频率方程为

$$\cos(\beta_r L)ch(\beta_r L) = -1 \quad (r = 1, 2, 3, \cdots) \tag{3-23}$$

固有频率为

$$w_r = \beta_r^2 \sqrt{\frac{EI}{\rho A}} \quad (r = 1,2,3,\cdots) \tag{3-24}$$

并可进一步得到振型函数。

以上通过理论分析得到了单柱式悬臂支架的频率计算方程，在实践中，借助适当的有限元分析工具，也可以方便对单柱支架的动力特性进行分析。

支柱设备之间通过法兰连接，每段支柱设备的上下两端分别有一个法兰。法兰与套管胶装部位的刚度，如图3-5所示。上下法兰各有刚度产生，其合刚度相当于两个串联弹簧的等效刚度，刚度计算方法见上文；若考虑法兰连接部位的立方非线性因素，则由支柱转动导致法兰连接部位的弯矩为：$M_i = k_i[\theta_i - \theta_{i-1} + \eta(\theta_i - \theta_{i-1})^3]$；若有 N_c 节支柱，则有 N_c 个法兰连接，法兰连接处总弹性势能见本章中式（3-4），由于支柱转动导致重力势能发生变化，总重力势能见式（3-5），则支柱动能包含平动动能和转动动能，具体为

$$T = \frac{1}{2}\sum_{i=1}^{N_c} m_i v_{c,i}^2 + \frac{1}{2}\sum_{i=1}^{N_c} \frac{1}{12}m_i L_i^2 \dot{\theta}_i^2 \tag{3-25}$$

式中：$v_{c,i}$ 为第 i 段支柱的质心速度，第 i 段支柱速度关系图见图3-10。

支架的弹性势能为

$$U_z = \frac{1}{2}\int_0^{L_0} EI\left(\frac{\partial^2 y}{\partial x^2}\right)^2 \mathrm{d}x \tag{3-26}$$

支架和支柱系统总势能为

$$U = U_k + U_g + U_z \tag{3-27}$$

支架动能为

$$T_z = \frac{1}{2}\int_0^{L_0} \rho_z A_z \left(\frac{\partial y}{\partial t} + \frac{\mathrm{d}y_b}{\mathrm{d}t}\right)^2 \mathrm{d}x \tag{3-28}$$

式中：y_b 为地面位移。

支柱动能包含平动动能和转动动能，具体为

$$T = \frac{1}{2}\sum_{i=1}^{N_c} m_i v_{c,i}^2 + \frac{1}{2}\sum_{i=1}^{N_c} \frac{1}{12}m_i L_i^2 \dot{\theta}_i^2 \tag{3-29}$$

式中，$v_{c,i}$ 为第 i 段支柱的质心速度。

以法兰连接的4节支柱和支架连接设备为例，支架上端支柱的运动学分析如图3-10所示。

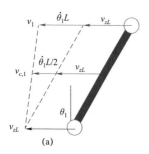 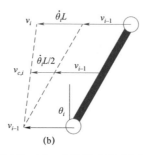 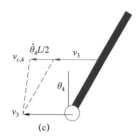

图 3-10　支柱运动学分析

第 1 节　支柱质心速度为

$$v_{c,1} = v_{zL} + \frac{1}{2} L_1 \dot{\theta}_1 \qquad (3-30)$$

其中，v_{zL} 为支架顶端的水平速度

$$v_{zL} = \dot{y}(L_0, t) + \dot{y}_b \qquad (3-31)$$

第 2 节　支柱质心速度为

$$v_{c,2} = v_{zL} + L_1 \dot{\theta}_1 + \frac{1}{2} L_2 \dot{\theta}_2 \qquad (3-32)$$

第 3 节　支柱质心速度为

$$v_{c,3} = v_{zL} + L_1 \dot{\theta}_1 + L_2 \dot{\theta}_2 + \frac{1}{2} L_3 \dot{\theta}_3 \qquad (3-33)$$

第 4 节　支柱质心速度为

$$v_{c,4} = v_{zL} + L_1 \dot{\theta}_1 + L_2 \dot{\theta}_2 + L_3 \dot{\theta}_3 + \frac{1}{2} L_4 \dot{\theta}_4 \qquad (3-34)$$

支架和支柱系统总动能为

$$T = T_z + T_c \qquad (3-35)$$

代入 Hamilton 变分方程

$$\int_{t_1}^{t_2} (\delta T - \delta U) \mathrm{d}t = 0 \qquad (3-36)$$

可得系统的动力学方程。

2. 考虑法兰连接部位非线性因素的支柱设备非线性动力学方程

主要采用 Galerkin 方法对前文获得的无支架的和有支架的支柱设备动力学模型进行离散，建立设备的非线性动力学方程。

（1）无支架的支柱设备动力学方程。以典型的 4 节无支架的支柱设备为例，采用 Hamilton 原理获得系统非线性动力学方程。首先，动能变分为

$$\delta T = -\sum_{i=1}^{N_c}\left[m_i\left(\ddot{x}_b + \sum_{j=1}^{i}L_j\ddot{\theta}_j - \frac{1}{2}L_i\ddot{\theta}_i\right)\delta\left(\sum_{j=1}^{i}L_j\theta_j - \frac{1}{2}L_i\theta_i\right) + \frac{1}{12}m_iL_i^2\ddot{\theta}_i\delta\theta_i\right]$$

（3-37）

势能变分为

$$\delta U = (k_1\theta_1 + k_1\eta\theta_1^3)\delta\theta_1 - \sum_{i=1}^{N_c}m_ig\left(\sum_{j=1}^{i}L_j\theta_j\delta\theta_j - \frac{1}{2}L_i\theta_i\delta\theta_i\right)$$

$$+ \sum_{i=2}^{N_c}[k_i(\theta_i - \theta_{i-1}) + k_i\eta(\theta_i - \theta_{i-1})^3]\delta(\theta_i - \theta_{i-1})$$

（3-38）

将系统动能和势能代入 Hamilton 变分方程

$$\int_{t_1}^{t_2}(\delta T - \delta U)\mathrm{d}t = 0$$

（3-39）

可得系统的动力学方程

$$\left(\frac{1}{3}m_1 + \sum_{i=2}^{4}m_i\right)L_1^2\ddot{\theta}_1 + \left(\frac{1}{2}m_2 + \sum_{i=3}^{4}m_i\right)L_1L_2\ddot{\theta}_2 + \left(\frac{1}{2}m_3 + m_4\right)L_1L_3\ddot{\theta}_3 +$$

$$\frac{1}{2}m_4L_1L_4\ddot{\theta}_4 + k_1\theta_1 - k_2(\theta_2 - \theta_1) + k_1\eta\theta_1^3 - k_2\eta(\theta_2 - \theta_1)^3 -$$

$$\left(\frac{1}{2}m_1 + \sum_{i=2}^{4}m_i\right)gL_1\theta_1 = -\left(\frac{1}{2}m_1 + \sum_{i=2}^{4}m_i\right)L_1\ddot{x}_b$$

（3-40）

$$\left(\frac{1}{2}m_2 + \sum_{i=3}^{4}m_i\right)L_1L_2\ddot{\theta}_1 + \left(\frac{1}{3}m_2 + \sum_{i=3}^{4}m_i\right)L_2^2\ddot{\theta}_2 + \left(\frac{1}{2}m_3 + m_4\right)L_2L_3\ddot{\theta}_3$$

$$+ \frac{1}{2}m_4L_2L_4\ddot{\theta}_4 + k_2(\theta_2 - \theta_1) - k_3(\theta_3 - \theta_2) + k_2\eta(\theta_2 - \theta_1)^3$$

$$-k_3\eta(\theta_3 - \theta_2)^3 - \left(\frac{1}{2}m_2 + \sum_{i=3}^{4}m_i\right)gL_2\theta_2 = -\left(\frac{1}{2}m_2 + \sum_{i=3}^{4}m_i\right)L_2\ddot{x}_b$$

（3-41）

$$\left(\frac{1}{2}m_3 + m_4\right)L_1L_3\ddot{\theta}_1 + \left(\frac{1}{2}m_3 + m_4\right)L_2L_3\ddot{\theta}_2 + \left(\frac{1}{3}m_3 + m_4\right)L_3^2\ddot{\theta}_3$$

$$+ \frac{1}{2}m_4L_3L_4\ddot{\theta}_4 + k_3(\theta_3 - \theta_2) - k_4(\theta_4 - \theta_3) + k_3\eta(\theta_3 - \theta_2)^3$$

$$-k_4\eta(\theta_4 - \theta_3)^3 - \left(\frac{1}{2}m_3 + m_4\right)gL_3\theta_3 = -\left(\frac{1}{2}m_3 + m_4\right)L_3\ddot{x}_b$$

（3-42）

$$\frac{1}{2}m_4(L_1L_4\ddot{\theta}_1 + L_2L_4\ddot{\theta}_2 + L_3L_4\ddot{\theta}_3) + \frac{1}{3}m_4L_4^2\ddot{\theta}_4 + k_4(\theta_4 - \theta_3)$$

$$+ k_4\eta(\theta_4 - \theta_3)^3 - \frac{1}{2}m_4gL_4\theta_4 = -\frac{1}{2}m_4L_4\ddot{x}_b$$

（3-43）

写成矩阵形式为

$$M\ddot{\theta} + K\theta + N(\theta) = F\ddot{x}_b \qquad (3-44)$$

其中

$$M = \begin{bmatrix} M_{11} & M_{12} & M_{13} & M_{14} \\ M_{21} & M_{22} & M_{23} & M_{24} \\ M_{31} & M_{32} & M_{33} & M_{34} \\ M_{41} & M_{42} & M_{43} & M_{44} \end{bmatrix} \quad K = \begin{bmatrix} K_{11} & -k_2 & 0 & 0 \\ -k_2 & K_{22} & -k_3 & 0 \\ 0 & -k_3 & K_{33} & -k_4 \\ 0 & 0 & -k_4 & K_{44} \end{bmatrix}$$

$$N(\theta) = \begin{Bmatrix} k_1\eta_1(\theta_1 - \theta_0)^3 - k_2\eta_2(\theta_2 - \theta_1)^3 \\ k_2\eta_2(\theta_2 - \theta_1)^3 - k_3\eta_3(\theta_3 - \theta_2)^3 \\ k_3\eta_3(\theta_3 - \theta_2)^3 - k_4\eta_4(\theta_4 - \theta_3)^3 \\ k_4\eta_4(\theta_4 - \theta_3)^3 \end{Bmatrix} \quad F = -f \begin{Bmatrix} \left(\dfrac{1}{2}m_1 + \sum_{i=2}^{4} m_i\right)L_1 \\ \left(\dfrac{1}{2}m_2 + \sum_{i=3}^{4} m_i\right)L_2 \\ \left(\dfrac{1}{2}m_3 + m_4\right)L_3 \\ \dfrac{1}{2}m_4 L_4 \end{Bmatrix}$$

此外还有 $\theta = \{\theta_1 \quad \theta_2 \quad \theta_3 \quad \theta_4\}^T$；$M_{11} = \left(\dfrac{1}{3}m_1 + \sum\limits_{i=2}^{4} m_i\right)L_1^2$；$M_{12} = M_{21} = \left(\dfrac{1}{2}m_2 + \sum\limits_{i=3}^{4} m_i\right)L_1 L_2$；$M_{13} = M_{31} = \left(\dfrac{1}{2}m_3 + m_4\right)L_1 L_3$；$M_{14} = M_{41} = \dfrac{1}{2}m_4 L_1 L_4$；$M_{22} = \left(\dfrac{1}{3}m_2 + \sum\limits_{i=3}^{4} m_i\right)L_2^2$；$M_{23} = M_{32} = \left(\dfrac{1}{2}m_3 + m_4\right)L_2 L_3$；$M_{24} = M_{42} = \dfrac{1}{2}m_4 L_2 L_4$；$M_{33} = \left(\dfrac{1}{3}m_3 + m_4\right)L_3^2$；$M_{34} = M_{43} = \dfrac{1}{2}m_4 L_3 L_4$；$M_{44} = \dfrac{1}{3}m_4 L_4^2$；$K_{11} = k_1 + k_2 - \left(\dfrac{1}{2}m_1 + \sum\limits_{i=2}^{4} m_i\right)gL_1$；$K_{22} = k_2 + k_3 - \left(\dfrac{1}{2}m_2 + \sum\limits_{i=3}^{4} m_i\right)gL_2$；$K_{33} = k_3 + k_4 - \left(\dfrac{1}{2}m_3 + m_4\right)gL_3$；$K_{44} = k_4 - \dfrac{1}{2}m_4 gL_4$。

若考虑结构中的阻尼，其动力学方程可写为

$$M\ddot{\theta} + C\dot{\theta} + K\theta + N(\theta) = F\ddot{x}_b \qquad (3-45)$$

式中：$C = 2\zeta M\Phi\Lambda\Phi^{-1}$；$\zeta$ 为阻尼比；Φ 为模态矩阵；Λ 为固有频率构成的对角阵。

（2）有支架的支柱设备动力学方程。以典型的 4 节有支架的支柱设备为例，采用 Hamilton 原理获得系统非线性动力学方程，采用 Galerkin 离散获得有支架的支柱设备模型。令 $y = Y(x)q(t)$，$Y(x)$ 为支架的模态函数。由于支架底端为固定安装，顶端与支柱设备连接。此时，边界条件为

$$y(0,t) = 0 \qquad \frac{\partial y(0,t)}{\partial x} = 0$$

$$\frac{\partial y(l,t)}{\partial x} = \theta_0 \qquad EI\frac{\partial^2 y(l,t)}{\partial x^2} = k_1(\theta_1 - \theta_0) \tag{3-46}$$

下面采用 Galerkin 方法离散有支架系统的动力学方程（3.46），令 $y = \Phi(x)q(t)$，其中 $\Phi(x)$ 为梁的模态方程。

将 $y = \Phi(x)q(t)$ 和梁的模态方程 $\Phi(x) = C_1\cos\beta x + C_2\sin\beta x + C_3\cosh\beta x + C_4\sin\beta x$ 代入式（3.36）和式（3.46）可得

$$C_1 + C_3 = 0, C_2 + C_4 = 0$$

$$\beta(-C_1\sin\beta l + C_2\cos\beta l + C_3\sinh\beta l + C_4\cosh\beta l)q(t) = \theta_0$$

$$EI\beta^2(-C_1\cos\beta l - C_2\sin\beta l + C_3\cosh\beta l + C_4\sinh\beta l)q(t) = k_1(\theta_1 - \theta_0)$$

$$\tag{3-47}$$

另外，还可得到动能的变分为

$$-\delta T = m_1\left(\alpha\ddot{\theta}_0 + \ddot{y}_b + \frac{1}{2}L_1\ddot{\theta}_1\right)\left(\alpha\delta\theta_0 + \frac{1}{2}L_1\delta\theta_1\right)$$

$$+ m_2\left(\alpha\ddot{\theta}_0 + \ddot{y}_b + L_1\ddot{\theta}_1 + \frac{1}{2}L_2\ddot{\theta}_2\right)\left(\alpha\delta\theta_0 + L_1\delta\theta_1 + \frac{1}{2}L_2\delta\theta_2\right)$$

$$+ m_3\left(\alpha\ddot{\theta}_0 + \ddot{y}_b + L_1\ddot{\theta}_1 + L_2\ddot{\theta}_2 + \frac{1}{2}L_3\ddot{\theta}_3\right)\left(\alpha\delta\theta_0 + L_1\delta\theta_1 + L_2\delta\theta_2\right.$$

$$\left. + \frac{1}{2}L_3\delta\theta_3\right) + m_4\left(\alpha\ddot{\theta}_0 + \ddot{y}_b + L_1\ddot{\theta}_1 + L_2\ddot{\theta}_2 + L_3\ddot{\theta}_3 + \frac{1}{2}L_4\ddot{\theta}_4\right) \tag{3-48}$$

$$\left(\alpha\delta\theta_0 + L_1\delta\theta_1 + L_2\delta\theta_2 + L_3\delta\theta_3 + \frac{1}{2}L_4\delta\theta_4\right) + \frac{1}{12}m_1L_1^2\ddot{\theta}_1\delta\theta_1$$

$$+ \frac{1}{12}m_2L_2^2\ddot{\theta}_2\delta\theta_2 + \frac{1}{12}m_3L_3^2\ddot{\theta}_3\delta\theta_3 + \frac{1}{12}m_4L_4^2\ddot{\theta}_4\delta\theta_4$$

$$+ \frac{\rho_z A_z}{Y'^2(L_0)}\int_0^{L_0} Y^2(x)\mathrm{d}x\ddot{\theta}_0\delta\theta_0 + \frac{\rho_z A_z}{Y'(L_0)}\int_0^{L_0} Y(x)\mathrm{d}x\ddot{y}_b\delta\theta_0$$

其中 $\alpha = \dfrac{Y(L_0)}{Y'(L_0)}$。势能的变分为

$$\delta U = k_1(\theta_1 - \theta_0)(\delta\theta_1 - \delta\theta_0) + \eta_1(\theta_1 - \theta_0)^3(\delta\theta_1 - \delta\theta_0)$$
$$+ k_2(\theta_2 - \theta_1)(\delta\theta_2 - \delta\theta_1) + \eta_2(\theta_2 - \theta_1)^3(\delta\theta_2 - \delta\theta_1)$$
$$+ k_3(\theta_3 - \theta_2)(\delta\theta_3 - \delta\theta_2) + \eta_3(\theta_3 - \theta_2)^3(\delta\theta_3 - \delta\theta_2)$$
$$+ k_4(\theta_4 - \theta_3)(\delta\theta_4 - \delta\theta_3) + \eta_4(\theta_4 - \theta_3)^3(\delta\theta_4 - \delta\theta_3) - \frac{1}{2}m_1 g L_1\theta_1\delta\theta_1$$
$$- m_2 g\left(L_1\theta_1\delta\theta_1 + \frac{1}{2}L_2\theta_2\delta\theta_2\right) - m_3 g\left(L_1\theta_1\delta\theta_1 + L_2\theta_2\delta\theta_2 + \frac{1}{2}L_3\theta_3\delta\theta_3\right)$$
$$- m_4 g\left(L_1\theta_1\delta\theta_1 + L_2\theta_2\delta\theta_2 + L_3\theta_3\delta\theta_3 + \frac{1}{2}L_4\theta_4\delta\theta_4\right)$$
$$+ \frac{E_z I_z}{Y'^2(L_0)}\int_0^{L_0}\frac{\mathrm{d}^4 Y(x)}{\mathrm{d}x^4}Y(x)\mathrm{d}x\theta_0\delta\theta_0$$

$$(3-49)$$

代入式（3-45）可得

$$\left(m_0 + \alpha^2\sum_{i=1}^4 m_i\right)\ddot\theta_0 + \left(\frac{1}{2}m_1 + \sum_{i=2}^4 m_i\right)\alpha L_1\ddot\theta_1 + \left(\frac{1}{2}m_2 + \sum_{i=3}^4 m_i\right)\alpha L_2\ddot\theta_2 +$$
$$\left(\frac{1}{2}m_3 + m_4\right)\alpha L_3\ddot\theta_3 + \frac{1}{2}m_4\alpha L_4\ddot\theta_4 + k_0\theta_0 - k_1(\theta_1 - \theta_0) - \eta_1(\theta_1 - \theta_0)^3 - \quad (3-50)$$
$$= \left(F_0 + \alpha\sum_{i=1}^4 m_i\right)\ddot y_b$$

$$\left(\frac{1}{2}m_1 + \sum_{i=2}^4 m_i\right)\alpha L_1\ddot\theta_0 + \left(\frac{1}{3}m_1 + \sum_{i=2}^4 m_i\right)L_1^2\ddot\theta_1 + \left(\frac{1}{2}m_2 + \sum_{i=3}^4 m_i\right)L_1 L_2\ddot\theta_2 +$$
$$\left(\frac{1}{2}m_3 + m_4\right)L_1 L_3\ddot\theta_3 + \frac{1}{2}m_4 L_1 L_4\ddot\theta_4 - \left(\frac{1}{2}m_1 + \sum_{i=2}^4 m_i\right)g L_1\theta_1 +$$
$$k_1(\theta_1 - \theta_0) + \eta_1(\theta_1 - \theta_0)^3 - k_2(\theta_2 - \theta_1) - \eta_2(\theta_2 - \theta_1)^3 \quad (3-51)$$
$$= -\left(\frac{1}{2}m_1 + \sum_{i=2}^4 m_i\right)L_1\ddot y_b$$

$$\left(\frac{1}{2}m_2 + \sum_{i=3}^4 m_i\right)\alpha L_2\ddot\theta_0 + \left(\frac{1}{2}m_2 + \sum_{i=3}^4 m_i\right)L_1 L_2\ddot\theta_1 + \left(\frac{1}{3}m_2 + \sum_{i=3}^4 m_i\right)L_2^2\ddot\theta_2 +$$
$$\left(\frac{1}{2}m_3 + m_4\right)L_2 L_3\ddot\theta_3 + \frac{1}{2}m_4 L_2 L_4\ddot\theta_4 - \left(\frac{1}{2}m_2 + \sum_{i=3}^4 m_i\right)g L_2\theta_2 +$$
$$k_2(\theta_2 - \theta_1) + \eta_2(\theta_2 - \theta_1)^3 - k_3(\theta_3 - \theta_2) - \eta_3(\theta_3 - \theta_2)^3$$
$$= -\left(\frac{1}{2}m_2 + \sum_{i=3}^4 m_i\right)L_2\ddot y_b$$

$$(3-52)$$

$$\left(\frac{1}{2}m_3 + m_4\right)\alpha L_3\ddot\theta_0 + \left(\frac{1}{2}m_3 + m_4\right)L_1 L_3\ddot\theta_1 + \left(\frac{1}{2}m_3 + m_4\right)L_2 L_3\ddot\theta_2$$

$$+\left(\frac{1}{3}m_3 + m_4\right)L_3^2\ddot\theta_3 + \frac{1}{2}m_4 L_3 L_4\ddot\theta_4 - \left(\frac{1}{2}m_3 + m_4\right)gL_3\theta_3 + k_3(\theta_3 - \theta_2) \quad (3-53)$$

$$+\eta_3(\theta_3 - \theta_2)^3 - k_4(\theta_4 - \theta_3) - \eta_4(\theta_4 - \theta_3)^3 = -\left(\frac{1}{2}m_3 + m_4\right)L_3\ddot y_b$$

$$\frac{1}{2}m_4 L_4\left(\alpha\ddot\theta_0 + \sum_{i=1}^{3}L_i\ddot\theta_i\right) + \frac{1}{3}m_4 L_4^2\ddot\theta_4 - \frac{1}{2}m_4 gL_4\theta_4$$

$$+k_4(\theta_4 - \theta_3) + \eta_4(\theta_4 - \theta_3)^3 = -\frac{1}{2}m_4 L_4\ddot y_b \qquad (3-54)$$

其中 $\ddot y_b = fa_b$, $\quad m_0 = \dfrac{\rho_z A_z}{Y'^2(L_0)}\displaystyle\int_0^{L_0}Y^2(x)\mathrm{d}x$, $\quad k_0 = \dfrac{E_z I_z}{Y'^2(L_0)}\displaystyle\int_0^{L_0}\dfrac{\mathrm{d}^4 Y(x)}{\mathrm{d}x^4}Y(x)\mathrm{d}x$,

$F_0 = \dfrac{\rho_z A_z}{Y'(L_0)}\displaystyle\int_0^{L_0}Y(x)\mathrm{d}x$。

写成矩阵形式为

$$\boldsymbol{M}\ddot{\boldsymbol{\theta}} + \boldsymbol{K}\boldsymbol{\theta} + \boldsymbol{N}(\boldsymbol{\theta}) = \boldsymbol{F}a_b \qquad (3-55)$$

其中

$$\boldsymbol{M} = \begin{bmatrix} M_{11} & M_{12} & M_{13} & M_{14} & M_{15} \\ M_{21} & M_{22} & M_{23} & M_{24} & M_{25} \\ M_{31} & M_{32} & M_{33} & M_{34} & M_{35} \\ M_{41} & M_{42} & M_{43} & M_{44} & M_{45} \\ M_{51} & M_{52} & M_{53} & M_{54} & M_{55} \end{bmatrix} \qquad (3-56)$$

$$\boldsymbol{K} = \begin{bmatrix} k_0 + k_1 & -k_1 & 0 & 0 & 0 \\ -k_1 & K_{22} & -k_2 & 0 & 0 \\ 0 & -k_2 & K_{33} & -k_3 & 0 \\ 0 & 0 & -k_3 & K_{44} & -k_4 \\ 0 & 0 & 0 & -k_4 & K_{55} \end{bmatrix} \qquad (3-57)$$

$$\boldsymbol{N}(\boldsymbol{\theta}) = \begin{Bmatrix} 0 \\ k_1\eta_1(\theta_1 - \theta_0)^3 - k_2\eta_2(\theta_2 - \theta_1)^3 \\ k_2\eta_2(\theta_2 - \theta_1)^3 - k_3\eta_3(\theta_3 - \theta_2)^3 \\ k_3\eta_3(\theta_3 - \theta_2)^3 - k_4\eta_4(\theta_4 - \theta_3)^3 \\ k_4\eta_4(\theta_4 - \theta_3)^3 \end{Bmatrix} \qquad (3-58)$$

$$\boldsymbol{F} = -f \begin{Bmatrix} F_0 + \alpha \sum_{i=1}^{4} m_i \\ \left(\dfrac{1}{2} m_1 + \sum_{i=2}^{4} m_i \right) L_1 \\ \left(\dfrac{1}{2} m_2 + \sum_{i=3}^{4} m_i \right) L_2 \\ \left(\dfrac{1}{2} m_3 + m_4 \right) L_3 \\ \dfrac{1}{2} m_4 L_4 \end{Bmatrix} \qquad (3-59)$$

此外还有 $\boldsymbol{\theta} = \{\theta_0 \quad \theta_1 \quad \theta_2 \quad \theta_3 \quad \theta_4\}^T$，$M_{11} = m_0 + \alpha^2 \sum_{i=1}^{4} m_i$，$M_{12} = M_{21} = \left(\dfrac{1}{2} m_1 + \sum_{i=2}^{4} m_i \right) \alpha L_1$，$M_{13} = M_{31} = \left(\dfrac{1}{2} m_2 + \sum_{i=3}^{4} m_i \right) \alpha L_2$，$M_{14} = M_{41} = \left(\dfrac{1}{2} m_3 + m_4 \right) \alpha L_3$，

$M_{15} = M_{51} = \dfrac{1}{2} m_4 \alpha L_4$，$M_{22} = \left(\dfrac{1}{3} m_1 + \sum_{i=2}^{4} m_i \right) L_1^2$，$M_{23} = M_{32} = \left(\dfrac{1}{2} m_2 + \sum_{i=3}^{4} m_i \right) L_1 L_2$，

$M_{24} = M_{42} = \left(\dfrac{1}{2} m_3 + m_4 \right) L_1 L_3$，$M_{25} = M_{52} = \dfrac{1}{2} m_4 L_1 L_4$，$M_{33} = \left(\dfrac{1}{3} m_2 + \sum_{i=3}^{4} m_i \right) L_2^2$，$M_{34} =$

$M_{43} = \left(\dfrac{1}{2} m_3 + m_4 \right) L_2 L_3$，$M_{35} = M_{53} = \dfrac{1}{2} m_4 L_2 L_4$，$M_{44} = \left(\dfrac{1}{3} m_3 + m_4 \right) L_3^2$，$M_{45} =$

$M_{54} = \dfrac{1}{2} m_4 L_3 L_4$，$M_{55} = \dfrac{1}{3} m_4 L_4^2$，$K_{22} = k_1 + k_2 - \left(\dfrac{1}{2} m_1 + \sum_{i=2}^{4} m_i \right) g L_1$，$K_{33} = k_2 + k_3 -$

$\left(\dfrac{1}{2} m_2 + \sum_{i=3}^{4} m_i \right) g L_2$，$K_{44} = k_3 + k_4 - \left(\dfrac{1}{2} m_3 + m_4 \right) g L_3$，$K_{55} = k_4 - \dfrac{1}{2} m_4 g L_4$。

若考虑结构中的阻尼，其动力学方程可写为

$$\boldsymbol{M} \ddot{\boldsymbol{\theta}} + \boldsymbol{C} \dot{\boldsymbol{\theta}} + \boldsymbol{K} \boldsymbol{\theta} + \boldsymbol{N}(\boldsymbol{\theta}) = \boldsymbol{F} a_b \qquad (3-60)$$

3.1.2 支柱类设备 – 减震装置非线性力学模型

1. 减震装置力学模型

实际工程中通常在支柱设备底端安装减震装置以耗散结构的振动能量，达到减小支柱设备振动的目的。金属耗能减震装置通过摩擦、剪切（或扭转）弹塑性滞回变形来耗散或吸收支柱设备的振动能量。某减震装置力—位移曲线实验结果如图 3–11 所示。这类减震装置不能简单等效为一个刚度，但通常可用粘弹性力学模型、粘滞力学模型或弹塑性力学等模型来拟合。针对图 3–11 所示力学特性

的减震装置，根据其"力—位移"曲线特性，采用 Bouc – Wen 模型可以很好地拟合滞回非线性曲线。

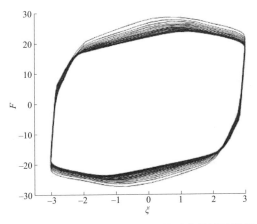

图 3-11　减震装置恢复力—位移曲线试验结果

Bouc – Wen 模型避免了尖锐拐角，精度较高，便于数值分析，力学模型如图 3-12 所示。

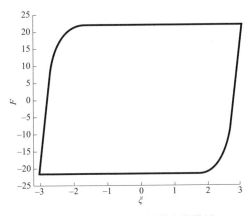

图 3-12　减震装置粘滞力学模型

2. 减震装置与支柱设备耦合动力学模型

经典的 Bouc – Wen 模型为

$$F = k_L \xi + k_N Z \qquad (3-61)$$

式中：F 为弹性力；ξ 为位移量；$\dot{\xi}$ 为位移速度

$$\dot{Z} = \left[\lambda - (\gamma \mathrm{sign}(\xi Z) + \beta) | Z |^n \right] \dot{\xi} \qquad (3-62)$$

式中：Z 为位移。

支柱底端均匀分布安装 N 个减震装置，每两个减震装置之间的夹角为 $2\pi/N$，如图 3-13（a）所示，减震装置连接部位力学模型如图 3-13（b）所示。

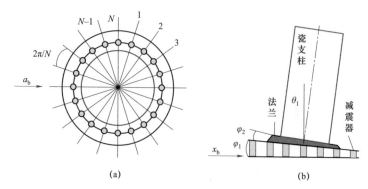

图 3-13　减震装置在支柱底端分布及连接部位力学模型示意

（a）减震装置分布示意；（b）减震装置连接部位力学模型

减震装置与胶装部位弹簧串联，减震装置作用面的转角为 φ_1，胶装部位弹簧转角为 φ_2。则第 1 段支柱转角 $\theta_1 = \varphi_1 + \varphi_2$。

减震装置的力为

$$F_i = k_L \xi_i + k_N Z_i \tag{3-63}$$

其中 $i = 1, 2, 3, \cdots, N$。此外，还有

$$\dot{Z}_i = \left[\lambda - (\gamma \, \mathrm{sign}(Z_i \dot{\xi}_i) + \beta) \mid Z_i \mid^n \right] \dot{\xi}_i \tag{3-64}$$

$$\xi_i = \xi_0 + \varphi_1 R \sin \alpha_i \tag{3-65}$$

其中 ξ_0 为静态变形，$\alpha_i = (i-1) 2\pi/N$，第 1 段支柱底端法兰部位弹簧刚度为 k_1，则有

$$k_1 \varphi_2 = \sum_{i=1}^{N} F_i R \sin \alpha_i = K \theta_1 \tag{3-66}$$

其中，K 为等效刚度。联合 $\theta_1 = \varphi_1 + \varphi_2$，可得

$$\theta_1 = d_1 \varphi_1 + d_2 \sum_{i=1}^{N} Z_i \sin \alpha_i \tag{3-67}$$

其中，$d_1 = 1 + \dfrac{k_L R^2}{k_1} \sum\limits_{i=1}^{N} \sin^2 \alpha_i$，$d_2 = \dfrac{k_N R}{k_1}$。

图 3-14 为针对无支架的四节支柱设备用减震装置的循环加载试验照片，为确定 Bouc-Wen 模型中的各参数，可采用理论模型与实验结果进行对比验证，图 3-15 为 Bouc-Wen 模型与减震装置力—位移曲线试验结果的对比。Bouc-Wen 模型各

参数为：$k_L = 1 \times 10^6 \text{N/m}$，$k_N = 120 \times 10^6 \text{N/m}$，$\lambda = 1$，$\gamma = 5000$，$\beta = 1$，$n = 1$。图中黑色线为试验结果，彩色虚线为 Bouc–Wen 模型计算结果。图中两者吻合良好。另外，Bouc–Wen 模型上半部分曲线对应 $\dot{\theta} > 0$，下半部分曲线对应 $\dot{\theta} < 0$。

图 3–14　减震装置的循环加载试验

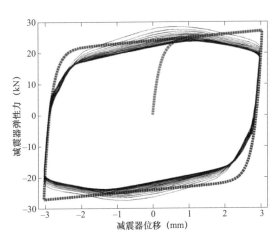

图 3–15　Bouc–Wen 模型与减震装置力—位移曲线的实验结果

3. 减震装置对支柱设备动力学方程的影响

对于无支架的支柱设备，第一段支柱设备底端法兰与减震器串联，然后直接与地面连接。以四节无支架的支柱设备为例，此时，第一段支柱底端法兰连接处的弹性势能与减震器势能为

$$U_A = \frac{1}{2} K \theta_1^2 \tag{3-68}$$

其变分为

$$\delta U_A = K \theta_1 \delta \theta_1 = (k_1 \theta_1 - k_1 \varphi_1) \delta \theta_1 \tag{3-69}$$

支柱和减震器系统总势能为

$$U = U_k + U_g + U_A \tag{3-70}$$

代入 Hamilton 变分方程，同样可得矩阵形式的系统动力学方程

$$\mathbf{M}\ddot{\boldsymbol{\theta}} + \mathbf{C}\dot{\boldsymbol{\theta}} + \mathbf{K}\boldsymbol{\theta} + \boldsymbol{N}(\boldsymbol{\theta}) = \boldsymbol{F}\ddot{x}_b \tag{3-71}$$

其中，$N_1 = -k_1 \varphi_1 - k_2 \eta (\theta_2 - \theta_1)^3$，其余参数与设备的非线性动力学方程中参数一样。可见，非线性对动力学方程的影响只是体现在非线性函数当中。

对于有支架的支柱设备，第一段支柱设备底端法兰与减震器串联，然后与支架连接。此时，需考虑支架、支柱和减震装置系统总势能，以安装减震装置的 4 节支柱和支架耦合系统为例，第 1 节支柱底端均匀分布 N 个减震装置，每两个减震装置之间的夹角为 $2\pi/N$，此时，第一节法兰连接处的弹性势能与减震装置势能为

$$U_A = \frac{1}{2}K(\theta_1 - \theta_0)^2 \tag{3-72}$$

其中 K 为等效刚度，$\theta_1-\theta_0=\varphi_1+\varphi_2$。

第一节法兰连接处的弹性势能与减震装置势能的变分为

$$\delta U_A = (\delta Q_1 - \delta\theta_0)K(\theta_1 - \theta_0) = (\delta\theta_1 - \delta\theta_0)k_1(\theta_1 - \theta_0 - \varphi_1) \tag{3-73}$$

支架、支柱和减震装置系统总势能为

$$U = U_k + U_g + U_z + U_A \tag{3-74}$$

采用 Hamilton 原理可得系统的动力学方程。由于减震装置为非线性的，该动力学方程与无减震装置系统的动力学方程的区别之处在线性刚度和非线性部分。有减震装置多节支柱设备离散非线性动力学方程为

$$\mathbf{M}\ddot{\boldsymbol{\theta}} + \mathbf{K}\boldsymbol{\theta} + N(\boldsymbol{\theta}) = Fa_b \tag{3-75}$$

其中非线性函数为

$$\widetilde{N}(\boldsymbol{\theta}) = \left\{ \begin{array}{c} k_1\varphi_1 \\ -k_1\varphi_1 - k_2\eta_2(\theta_2 - \theta_1)^3 \\ k_2\eta_2(\theta_2 - \theta_1)^3 - k_3\eta_3(\theta_3 - \theta_2)^3 \\ k_3\eta_3(\theta_3 - \theta_2)^3 - k_4\eta_4(\theta_4 - \theta_3)^3 \\ k_4\eta_4(\theta_4 - \theta_3)^3 \end{array} \right\} \tag{3-76}$$

此外还有关于减震装置的方程

$$\theta_1 - \theta_0 = d_4\varphi_1 + d_2\sum_{i=1}^{N} Z_i \sin\alpha_i \tag{3-77}$$

若考虑结构中的阻尼，其动力学方程可写为

$$\mathbf{M}\ddot{\boldsymbol{\theta}} + \mathbf{C}\dot{\boldsymbol{\theta}} + \mathbf{K}\boldsymbol{\theta} + \widetilde{N}(\boldsymbol{\theta}) = Fa_b \tag{3-78}$$

4. 支柱类设备的减震效果

本部分根据上节中所建立的动力学模型求解其非线性动力学方程。在此基础上，考虑法兰连接部位的非线性特征和减震装置的非线性特征，以无支架的 1000kV 避雷器、有支架的 110kV 支柱绝缘子为对象，分析地震动峰值加速度下的支柱电气设备的减震效果。

（1）无支架 1000kV 避雷器减震效果及机理分析。考虑法兰连接部位非线性特征时，在地震动峰值加速度为 0.1g，有减震装置和无减震装置时，四节支柱顶端位移如图 3-16~图 3-19 所示。支柱从下至上依次定义为 1，2，3，4。图 3-20 为有减震装置和无减震装置时支柱最大应力对比图。由图 3-16~图 3-19 可知，

有减震装置时，每节支柱顶端位移均呈现出一定程度的减小。由图 3-20 知，有减震装置时支柱底端应力最大值大幅减小。

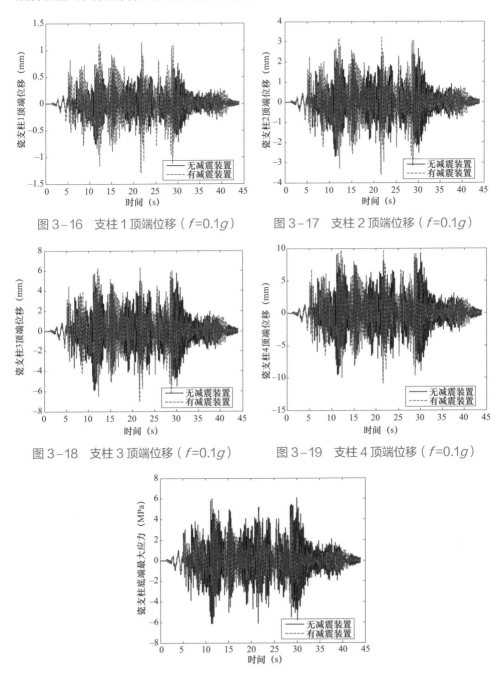

图 3-16　支柱 1 顶端位移（f=0.1g）

图 3-17　支柱 2 顶端位移（f=0.1g）

图 3-18　支柱 3 顶端位移（f=0.1g）

图 3-19　支柱 4 顶端位移（f=0.1g）

图 3-20　支柱底端最大应力（f=0.1g）

表 3-2 为 20 个减震装置的力—位移曲线。除了 1 和 11 号减震装置外，都形成了滞回曲线。而 1 和 11 号减震装置安装位置的连线与地震动峰值加速度方向垂直，因此这两个减震装置没有形成滞回圈。

表 3-2　　　　　　　　　减震装置力—位移曲线（多节支柱，f=0.1g）

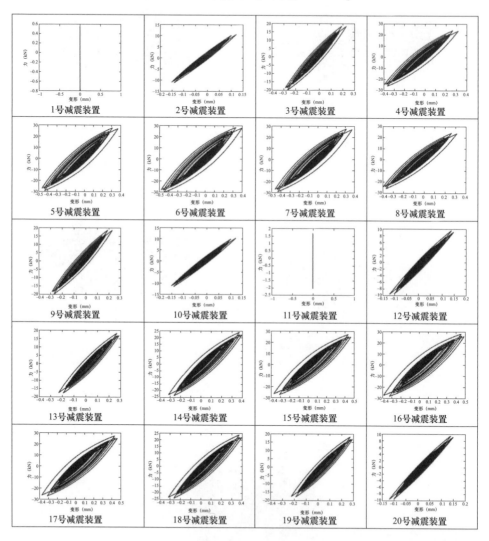

图 3-21～图 3-24 为地震动峰值加速度为 0.2g 时，有减震装置和无减震装置时，四节支柱顶端位移对比曲线。图 3-25 为有减震装置和无减震装置时支柱最大应力对比图。

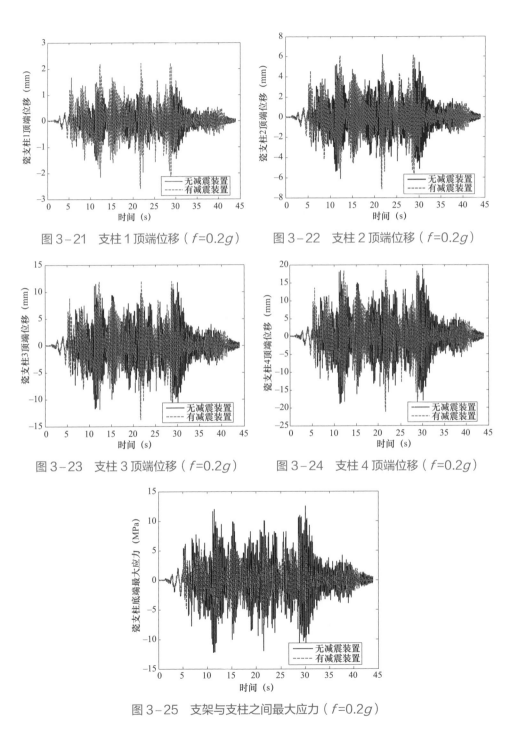

图 3-21　支柱 1 顶端位移（f=0.2g）

图 3-22　支柱 2 顶端位移（f=0.2g）

图 3-23　支柱 3 顶端位移（f=0.2g）

图 3-24　支柱 4 顶端位移（f=0.2g）

图 3-25　支架与支柱之间最大应力（f=0.2g）

表 3-3 为地震动峰值加速度为 0.2g 时，20 个减震装置的力—位移曲线。

表 3-3　　　　　减震装置力—位移曲线（多节支柱，f=0.2g）

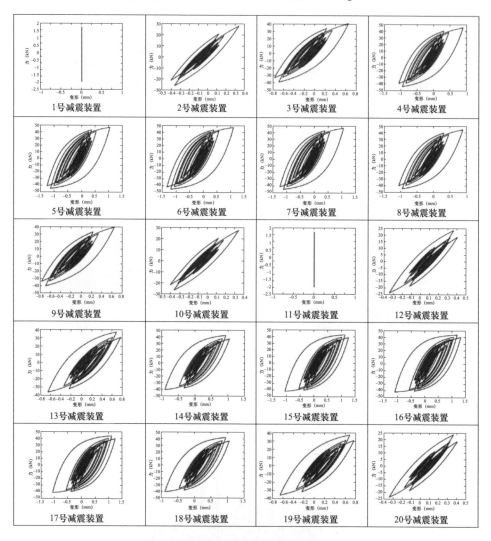

图 3-26～图 3-29 为地震动峰值加速度为 0.3g 时，有减震装置和无减震装置时，四节支柱顶端位移。图 3-30 为有减震装置和无减震装置时支柱最大应力对比图。

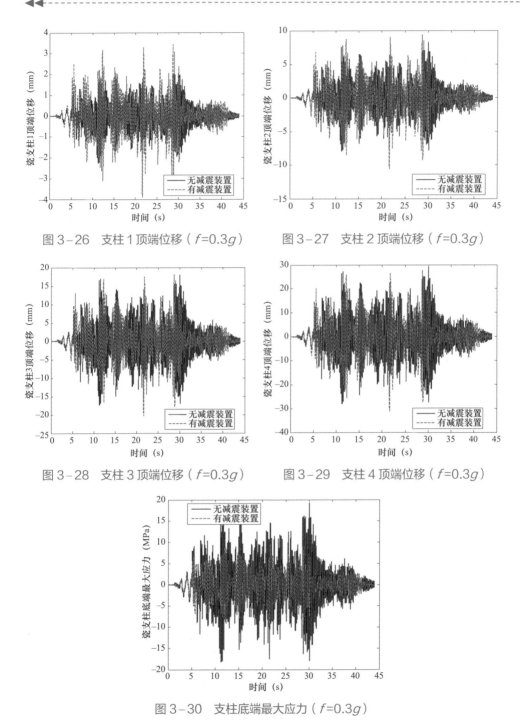

图 3-26 支柱 1 顶端位移（f=0.3g）

图 3-27 支柱 2 顶端位移（f=0.3g）

图 3-28 支柱 3 顶端位移（f=0.3g）

图 3-29 支柱 4 顶端位移（f=0.3g）

图 3-30 支柱底端最大应力（f=0.3g）

表 3-4 为地震动峰值加速度为 0.3g 时，20 个减震装置的力—位移曲线。

表 3-4 　　　　　　减震装置力—位移曲线（多节支柱，f =0.3g）

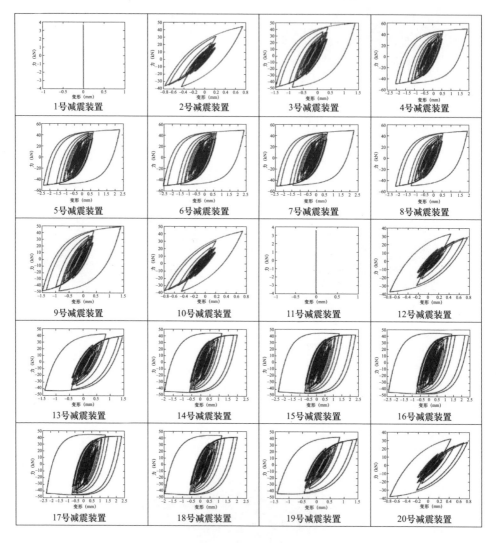

图 3-31～图 3-34 为地震动峰值加速度为 0.4g 时，有减震装置和无减装置时，四节支柱顶端位移。图 3-35 为有减震装置和无减震装置时支柱底端最大应力对比图。表 3-5 为地震动峰值加速度为 0.4g 时，20 个减震装置的力—位移曲线。

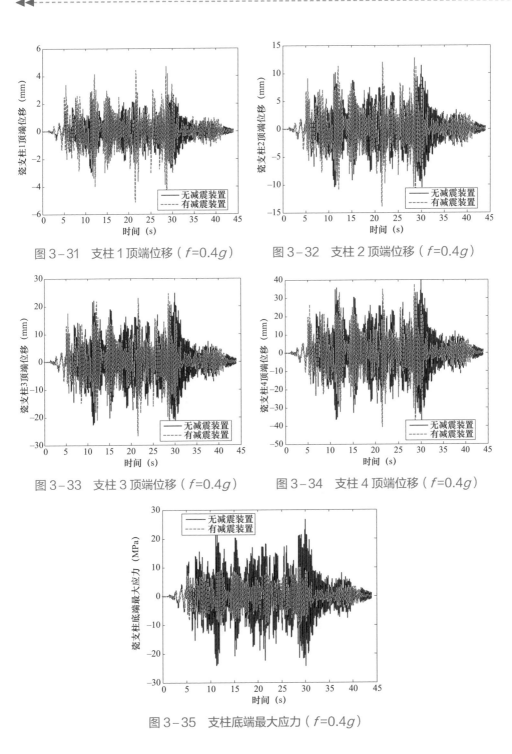

图 3-31 支柱 1 顶端位移（f=0.4g）

图 3-32 支柱 2 顶端位移（f=0.4g）

图 3-33 支柱 3 顶端位移（f=0.4g）

图 3-34 支柱 4 顶端位移（f=0.4g）

图 3-35 支柱底端最大应力（f=0.4g）

表 3-5　　　　　减震装置力—位移曲线（多节支柱，*f*=0.4*g*）

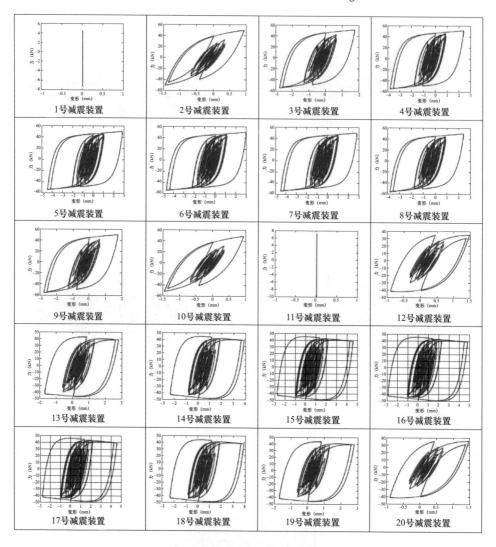

　　图 3-36～图 3-39 为地震动峰值加速度为 0.5*g* 时，有减震装置和无减震装置时，支架顶端和四节支柱顶端位移。图 3-40 为有减震装置和无减震装置时支架与支柱之间最大应力对比图。表 3-6 为地震动峰值加速度为 0.5*g* 时，20 个减震装置的力—位移曲线。

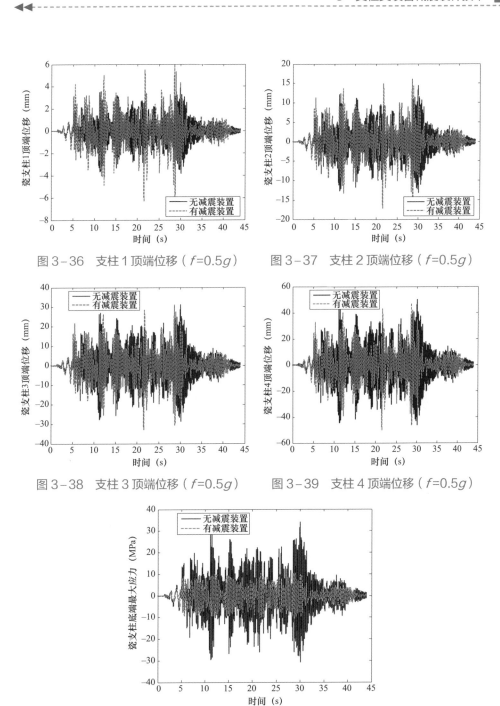

图 3-36 支柱 1 顶端位移（f=0.5g）

图 3-37 支柱 2 顶端位移（f=0.5g）

图 3-38 支柱 3 顶端位移（f=0.5g）

图 3-39 支柱 4 顶端位移（f=0.5g）

图 3-40 支柱底端最大应力（f=0.5g）

表 3−6　　　　　减震装置力—位移曲线（多节支柱，$f=0.5g$）

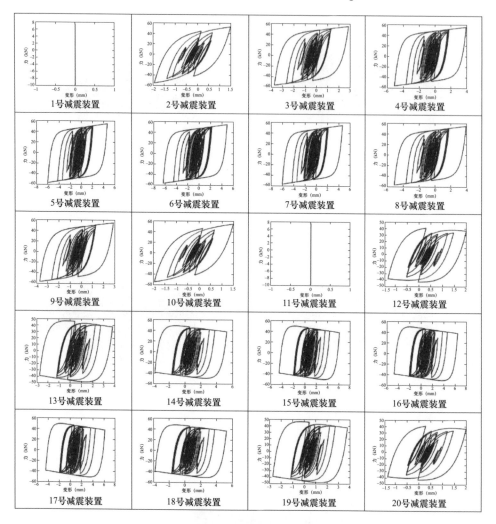

由上述分析结果可知，随着地震动峰值加速度强度的增加，减震装置滞回曲线形成的滞回圈也变大，表明减震装置耗散的能量增多，在地震动峰值加速度下发挥的作用也越大。图 3−41 为地震动峰值加速度大小与减震效率的关系曲线。由图 3−41 可知，随着地震动峰值加速度的增加，减震效率逐渐增加；地震动峰值加速度分别为 0.1g，0.2g，0.3g，0.4g，0.5g 时，对应的减震效率分别为 22.8%，36%，51.5%，62%，69.47%。

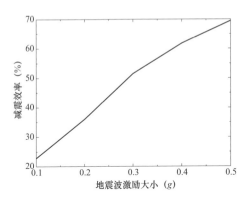

图 3-41 地震动峰值加速度大小与减震效率的关系曲线

（2）有支架 110kV 支柱绝缘子减震效果及机理分析。考虑法兰连接部位非线性特征时，在地震动峰值加速度为 0.1g，有减震装置和无减震装置时，支柱顶端位移如图 3-42 所示。图 3-43 为有减震装置和无减震装置时支柱底端最大应力对比图。由图 3-42 可知，有减震装置时，支柱顶端位移呈现出一定程度的减小。由图 3-43 可知，有减震装置时支柱底端应力最大值减小幅度约为 15.71%。

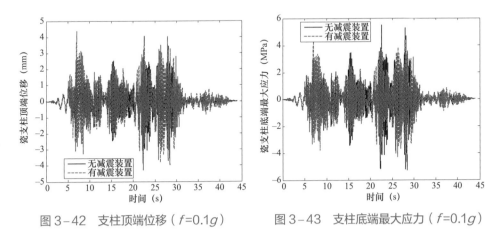

图 3-42 支柱顶端位移（f=0.1g）　　图 3-43 支柱底端最大应力（f=0.1g）

表 3-7 为 2 个减震装置的力—位移曲线。由表可知，地震动峰值加速度较小时，减震装置形成的滞回曲线不饱满，这与支柱底端的最大应力对比图相符。

表 3-7　　　　　　　　减震装置力—位移曲线（f=0.1g）

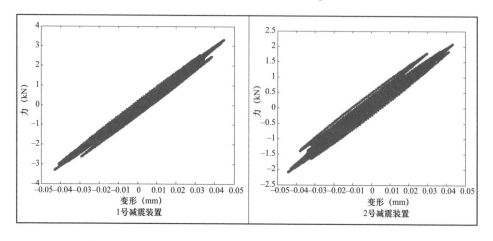

1号减震装置　　　　　　　　2号减震装置

　　图 3-44 为地震动峰值加速度为 0.2g 时，有减震装置和无减震装置时，支柱顶端位移对比曲线。图 3-45 为有减震装置和无减震装置时支柱最大应力对比图。支柱最大应力减小约 24.32%。

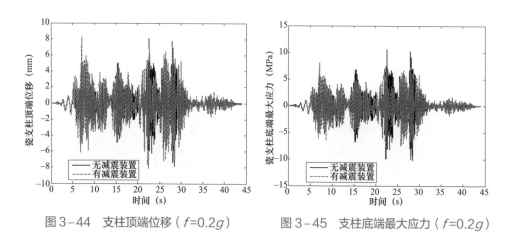

图 3-44　支柱顶端位移（f=0.2g）　　图 3-45　支柱底端最大应力（f=0.2g）

　　图 3-46 为地震动峰值加速度为 0.3g 时，有减震装置和无减震装置时，支柱顶端位移对比曲线。图 3-47 为有减震装置和无减震装置时支柱最大应力对比图。

　　图 3-48 为地震动峰值加速度为 0.4g 时，有减震装置和无减震装置时，支柱顶端位移对比曲线。图 3-49 为有减震装置和无减震装置时支柱最大应力对比图。

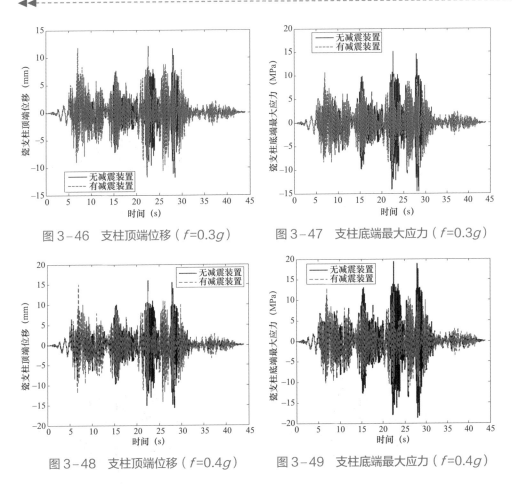

图 3-46 支柱顶端位移（f=0.3g）　　图 3-47 支柱底端最大应力（f=0.3g）

图 3-48 支柱顶端位移（f=0.4g）　　图 3-49 支柱底端最大应力（f=0.4g）

图 3-50 为地震动峰值加速度为 0.5g 时，有减震装置和无减震装置时，支柱顶端位移对比曲线。图 3-51 为有减震装置和无减震装置时支柱最大应力对比图。

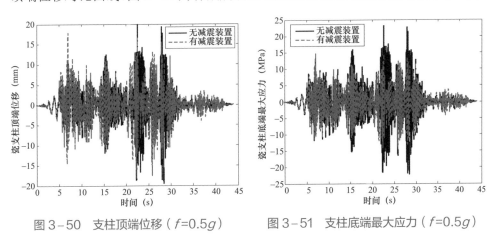

图 3-50 支柱顶端位移（f=0.5g）　　图 3-51 支柱底端最大应力（f=0.5g）

图 3-52 为地震动峰值加速度为 0.6g 时，有减震装置和无减震装置时，支柱顶端位移对比曲线。图 3-53 为有减震装置和无减震装置时支柱最大应力对比图。

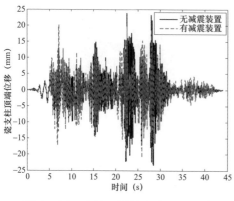
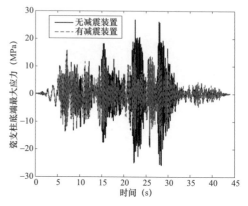

图 3-52　支柱顶端位移（f=0.6g）　　　图 3-53　支柱底端最大应力（f=0.6g）

图 3-54 为地震动峰值加速度为 0.8g 时，有减震装置和无减震装置时，支柱顶端位移对比曲线。图 3-55 为有减震装置和无减震装置时支柱最大应力对比图。

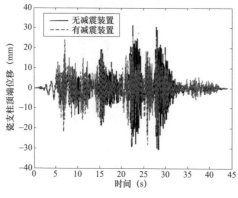
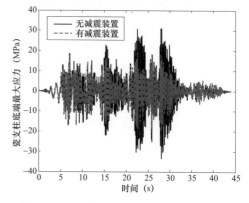

图 3-54　支柱顶端位移（f=0.8g）　　　图 3-55　支柱底端最大应力（f=0.8g）

由上述分析结果可知，随着地震动峰值加速度强度的增加，减震装置滞回曲线形成的滞回圈也逐渐增加，表明减震装置耗散的能量越多，在地震动峰值加速度下发挥的作用也相应地越大。图 3-56 为地震动峰值加速度大小与减震效率的关系曲线。由图 3-56 可知，随着地震动峰值加速度的增加，减震效率逐渐提高；地震动峰值加速度分别为 0.1g，0.2g，0.3g，0.4g，0.5g，0.6g，0.8g 时，对应的减震效率分别为 15.71%，24.32%，29.5%，33.02%，36.3%，38.83%，41.12%。由上述分析可知，有支架的 110kV 支柱绝缘子设备由于刚度较大的原因，地震动峰值加速度在相同的地震动峰值加速度下减震效率小于 1000kV 避雷器。

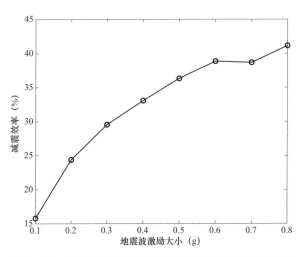

图 3-56 地震动峰值加速度大小与减震效率的关系曲线

5. 减震装置力学参数域内的非线性对减震效果的影响

减震装置参数中与耗能有关的主要是屈服力。另外减震装置的安装半径也是影响其减震效果的关键因素,因此本部分主要考虑减震装置的安装半径和屈服力参数对设备地震响应的影响。

(1)减震装置参数对无支架 1000kV 避雷器减震效果的影响。为讨论减震装置的安装半径对减震效率的影响,减震装置安装半径分别在 0.4～1.2m 范围内变化,讨论地震动峰值加速度为 $0.1g$～$0.5g$ 时,减震装置安装半径对支柱减震效率的影响。得到安装半径对支柱减震效率的影响曲线,如图 3-57 所示。表 3-8 是在不同地震动峰值加速度下对应不同减震装置安装半径减震效率的取值。

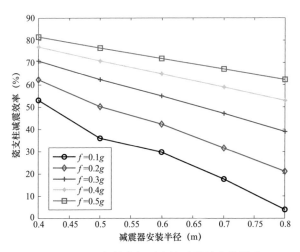

图 3-57 安装半径对支柱减震效率的影响

表 3-8   不同地震动峰值加速度下安装半径
                             不同时减震效率值

地震动峰值加速度	减震效率		
	R=0.4	R=0.6	R=0.8
0.1g	53.11	29.62	3.94
0.2g	62.2	42.14	20.85
0.3g	70.67	54.86	38.74
0.4g	77.05	64.85	52.67
0.5g	81.51	71.8	62.2

由图 3-57 可知，在相同的地震动峰值加速度下，随着减震装置安装半径的增加，减震效率是逐渐减小的。当地震动峰值加速度较小时，随着减震装置安装半径的增加，支柱的减震效率减小幅度较大，地震动峰值加速度为 0.1g，R=0.8m 时减震效率为 3.94%，减震效果已经十分有限，较 R=0.4m 时减震效率下降约 92%。随着地震动峰值加速度的逐渐提高，减震装置安装半径对支柱的减震效率的影响逐渐减小。地震动峰值加速度为 0.3g，安装半径为 0.8m 时，减震效率为 38.74%，较安装半径为 0.4m 时减小 45%；地震动峰值加速度为 0.5g，安装半径为 0.8m 时，减震效率为 62.2%，较安装半径为 0.4m 时减震效率减小 24%，减震效率的减小程度呈逐渐降低的趋势。

为讨论减震装置屈服力对减震效率的影响，在不同的地震动峰值加速度强度下进行了参数 γ 变化对减震效率的影响分析。图 3-58 为不同地震动峰值加速度强度下参数 γ 变化时，减震效率的变化曲线。表 3-9 为不同地震动峰值加速度下 γ 不同时的减震效率值。其中系数 γ 是 Bouc-Wen 模型中与减震装置屈服力密切相关的系数，γ 对应的减震装置屈服力如表 3-10 所示。

由图 3-58，表 3-9 可知，在相同的地震动峰值加速度下，随着参数 γ 的增加，减震效率逐渐提高。地震动峰值加速度为 0.1g，γ=3000 时减震效率为 19.18%，γ=7000 时减震效率为 27.56%，减震效率增加幅度为 44%；当地震动峰值加速度为 0.3g，γ=3000 时减震效率为 35.97%，γ=7000 时减震效率为 62.24%，减震效率增加幅度为 73%；当地震动峰值加速度为 0.5g，γ=3000 时减震效率为 53.86%，γ=7000 时减震效率为 76.9%，减震效率的增加幅度为 43%。由此可知，随着地震动峰值加速度的增加，γ 对减震效率的影响呈现出先增加后减小的趋势。

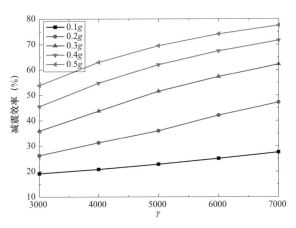

图 3-58　减震效率与 γ 相互关系曲线

表 3-9　　　　　不同地震动峰值加速度下 γ 不同时减震效率值

地震动峰值加速度	减震效率（%）		
	$\gamma=3000$	$\gamma=5000$	$\gamma=7000$
0.1g	19.18	22.8	27.56
0.2g	26.29	36	47.21
0.3g	35.97	51.5	62.24
0.4g	45.6	62	71.6
0.5g	53.86	69.47	76.9

对于相同的 γ，随震地震动峰值加速度的增加，减震效率是逐渐增加的。$\gamma=3000$，地震动峰值加速度为 0.5g 时减震效率为 53.86%，较地震动峰值加速度为 0.1g 时大幅增加，增加幅度为 180%；$\gamma=5000$ 时，地震动峰值加速度为 0.5g 时的减震效率较地震动峰值加速度为 0.1g 时增加 204%；$\gamma=7000$ 时，地震动峰值加速度为 0.5g 时的减震效率较地震动峰值加速度为 0.1g 时增加 179%。随着 γ 值增加，地震动峰值加速度的增加对减震效率的影响呈现出先增加后减小的趋势。

表 3-10　　　　　　不同 γ 对应的减震装置屈服力

γ值	减震装置屈服力（kN）	γ值	减震装置屈服力（kN）
3000	40	6000	20
4000	30	7000	18
5000	25		

（2）减震装置参数对有支架 110kV 支柱绝缘子地震减震效果的影响。为讨论减震装置的安装半径对减震效率的影响，减震装置安装半径分别在 0.1～0.18m 范围内变化，讨论地震动峰值加速度强度在 0.2～0.8g 范围内变化时，减震装置安装半径对支柱减震效率的影响，得到安装半径对支柱减震效率的影响曲线，如图 3-59 所示。表 3-11 是在不同地震动峰值加速度下对应不同减震装置安装半径减震效率的取值。

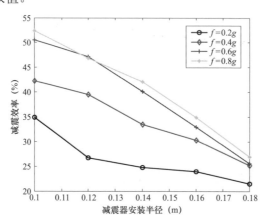

图 3-59　安装半径对支柱减震效率的影响

由图 3-59 可知，在相同的地震动峰值加速度下，随着减震装置安装半径的增加，减震效率是逐渐减小的。当地震动峰值加速度较小时，随着减震装置安装半径的增加，减震效率的减小幅度较小。地震动峰值加速度为 0.2g，R=0.18m 时减震效率为 21.47%，较 R=0.1m 时减震效率下降约 38%。地震动峰值加速度为 0.6g，安装半径为 0.18m 时，减震效率为 25.61%，较安装半径为 0.1m 时减小 49%；地震动峰值加速度为 0.8g，安装半径为 0.18m 时，减震效率为 26.87%，较安装半径为 0.1m 时减震效率减小 48%。由此可知，随着地震动峰值加速度的逐渐增加，减震装置安装半径对支柱的减震效率的影响呈现出先增加后趋于稳定的趋势。对于相同的安装半径，随着地震动峰值加速度的增加，减震效率逐渐提高，说明减震器在高地震动峰值加速度下发挥较大的作用。

表 3-11　　　　不同地震动峰值加速度下安装半径不同时减震效率值

地震动峰值加速度	减震效率（%）		
	R=0.1	R=0.14	R=0.18
0.2g	34.88	24.75	21.47
0.4g	42.3	33.48	25.18
0.6g	50.54	40.15	25.61
0.8g	52.33	42	26.87

为讨论减震装置屈服力对减震效率的影响，在不同的地震动峰值加速度强度下进行了参数 γ 变化对减震效率的影响分析。图 3-60 为不同地震动峰值加速度强度下参数 γ 变化时，减震效率的变化曲线。表 3-12 为不同地震动峰值加速度下 γ 不同时的减震效率值。其中系数 γ 是 Bouc-Wen 模型中与减震装置屈服力密切相关的系数，γ 对应的减震装置屈服力如表 3-13 所示。

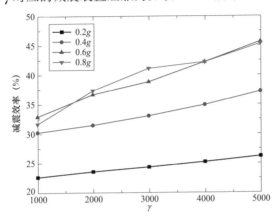

图 3-60 减震效率与 γ 相互关系曲线

表 3-12 不同地震动峰值加速度下 γ 不同时减震效率值

地震动峰值加速度	减震效率（%）		
	γ=1000	γ=3000	γ=5000
0.2g	22.62	24.32	26.19
0.4g	30.21	33.02	37.17
0.6g	32.92	38.83	45.65
0.8g	31.64	41.1	45.3

由图 3-60 和表 3-12 可知，在相同的地震动峰值加速度下，随着参数 γ 的增加，减震效率逐渐提高。地震动峰值加速度为 0.2g，γ=1000 时减震效率为 22.62%，γ=5000 时减震效率为 26.19%，减震效率增加幅度为 15%；当地震动峰值加速度为 0.6g，γ=1000 时减震效率为 32.92%，γ=5000 时减震效率为 45.65%，减震效率增加幅度为 38%；当地震动峰值加速度为 0.8g，γ=1000 时减震效率为 31.64%，γ=5000 时减震效率为 45.3%，减震效率的增加幅度为 43%。由此可知，随着地震动峰值加速度的增加，γ 对减震效率的影响呈现出逐渐增加的趋势。

对于相同的 γ，地震动峰值加速度由 0.2g 增加到 0.4g 时，减震效率增加的幅度较大，γ=1000，3000，5000 时减震效率分别增加了 34%，37%，42%；当地震动峰值加速度较大，由 0.6g 增加到 0.8g 时，随着 γ 值的增加减震效率基本不变。

表 3-13　　　　　　　　　　　不同 γ 对应的减震装置屈服力

γ 值	减震装置屈服力（kN）	γ 值	减震装置屈服力（kN）
1000	50	4000	18
2000	30	5000	15
3000	20		

　　以典型设备为例，研究了减震装置的非线性参数对设备地震相应规律的影响，结果表明，减震装置的减震效率与地震动激励大小、减震装置的安装半径和屈服力密切相关。一般来说，地震动激励越大，减震装置在地震作用下的位移越大，耗能越充分，减震效率越高；减震装置的屈服力越小，在地震作用下越容易屈服耗能，减震效率越高；减震装置的安装半径越大，在相同地震动峰值加速度下单个减震装置承受的地震力越小，耗能相对差，因此减震半径越大，其减震效率越小。在实际工程设计时，应根据设备的结构特点、抗震设防烈度和预期减震效率，合理设置减震装置的屈服力和安装半径。

3.2　支柱类设备减震设计方法

　　本节对支柱类设备减震设计方法进行简要介绍，支柱类设备配套自恢复减震装置详见下节。开展自恢复减震装置设计时，装置内部元件选型及参数确定过程大体如下：① 根据支柱类电气设备底部法兰螺栓孔个数、位置与底法兰尺寸布置减震装置，初步确定减震装置的分布及数量；② 根据设备的抗震设防要求和设备参数计算减震装置的触发力，具体方法可参考金属耗能减震装置的最大轴力计算方法；③ 按照装置触发力选取合适的弹性元件型号并确定摩擦组件参数；④ 验算减震方案对设备的减震效果影响，核验减震装置的最大行程是否在设计行程范围内，以及减震装置的恢复力是否足够克服装置的倾覆力矩令设备复位。

　　以 1100kV 断路器为例介绍自恢复减震装置的方案设计过程。1100kV 断路器如图 3-61 所示，设备质量约为 3t，支架高度为 5.5m，安装完成后设备总高度为 17.8m，按照地震动峰值加速度 0.1g 进行触发设计，按照减震效率 50% 进行减震设计。设备底法兰直径为 520mm，支撑垫圈外径为

图 3-61　1100kV 断路器外形图

640mm，设备连接板为边长 1m 的方板。该设备的自恢复减震装置参数选型主要步骤如下。

（1）减震装置布置及数量确定。根据设备底法兰、支撑垫圈及支架连接板尺寸规划减震装置布置空间及位置，初步确定减震装置数量。减震装置布置如图 3–62 所示，采用 8 个减震器布置在边长 0.8m 的正方形角点和中点处。

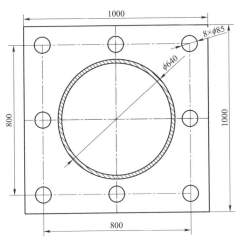

图 3–62 1100kV 减震器布置

（2）触发力确定。根据减震器的初步布置方案、1100kV 断路器参数以及减震效果及触发设置要求，按照触发力计算方法可求得单个减震器触发力设计值约为 8kN。

（3）弹性元件选型及摩擦组件参数确定。考虑到 1100kV 断路器用于特高压交、直流转换的滤波器组，设备功能极为重要；且该设备为世界首创，研发费用巨大，造价高昂，单台价格超千万元；在运营过程中，该电气设备频繁投切，对减震器的承载性能和自恢复要求较高。考虑上述需求，所配套的减震器选用长期承载性能较好的弹性元件和自恢复性能较好的摩擦组件。

考量以往的工程经验和应用效果，选用青铜–钢作为摩擦组件外环与减震器内壁的摩擦副材料，内外环锥角初定为 20°。依据式（3–12）可得出减震器的设计触发力为 7.6kN。式（3–13）可计算出减震器的设计恢复力为 4.2kN。

（4）减震方案校核。建立 1100kV 断路器单体设备有限元模型及设备—减震装置体系有限元模型如图 3–63 所示，采用峰值加速为 0.4g 的标准时程波进行地震仿真，

图 3–63 1100kV
断路器—减震装置模型

得到设备单体地震作用下最大应力为 26MPa，加装减震装置后设备最大应力为 12MPa，满足预定减震目标。

计算获得减震装置力—位移关系曲线如图3-64所示，由图3-64可知，减震装置最大位移不到12mm，在弹性元件所能提供的行程范围内。

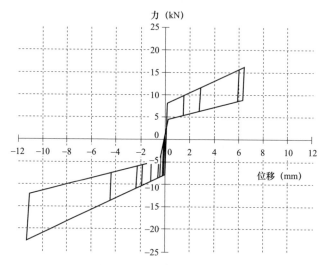

图3-64　减震装置力—位移关系仿真结果

计算获得设备重心最大位移时程曲线如图3-65所示，由图3-65可知设备重心最大位移为200mm，则极端变形情况下设备倾覆力矩为6kN·m，而对侧6个减震器的恢复力矩为10kN·m，因此，减震装置恢复力满足自恢复要求。综上所述，减震装置方案能够满足预期目标。

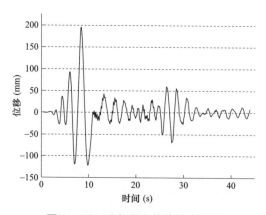

图3-65　设备重心位移仿真结果

3.3　支柱类设备自恢复减震装置

为此，针对支柱类电气设备，目前已研制出自恢复减震装置，可满足支柱类设备震前不误动作，震中减震耗能，震后自恢复的三阶段减震需求。

3.3.1　自恢复减震装置工作原理

研发的自恢复减震装置如图3-66所示。减震装置布置于支柱类电气设备如图3-67所示。装置内部包含弹性元件和摩擦组件，该装置的基本工作原理是：地震时，电气设备发生晃动，以支撑机构为支点带动减震器传动轴上下拉压动作，减震装置的摩擦组件在上下运动过程中发生摩擦从而将地震能量转化为热能耗

图3-66　自恢复减震装置

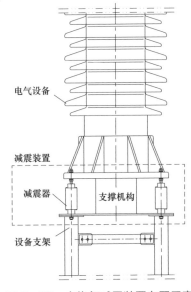

图3-67　自恢复减震装置布置示意

散掉。弹性元件初始状态存在预紧力，电气设备正常工作或仅受较小外力时，因无法克服摩擦组件提供的静摩擦力而无法触发减震器。当地震停止，减震器所受外力消失，若减震器存在残余变形，即传动轴不在初始位置，此时弹性元件的回弹力将克服摩擦组件的摩擦力将传动轴推回原位。

通过设计弹性元件的初始预压缩量可设置装置的触发驱动力，由此保证电气设备正常工作时不会误动作；在地震发生时通过往复摩擦机制耗散传入电气设备的地震能量，且设备摆动幅度越大摩擦耗能越多；在震后通过自恢复机制可使设备复位。该减震装置的配套不改变原有电气设备和支架的安装布置形式，无须过多设计变更，直接在电气设备及其支架之间增设本减震装置即可。

3.3.2 自恢复减震装置设计方法

自恢复减震装置安装布置于电气设备及其支架之间，减震装置包括一个支撑机构和若干个减震器，支撑机构优选圆柱形。减震器数量宜与电气设备底法兰的安装孔数量一致，减震器螺栓杆直径宜与电气设备底法兰开孔匹配。支撑机构通过焊接或螺栓固定于支架顶板中心位置，电气设备放于支撑机构上。各减震器下部螺栓杆穿过设备支架顶部孔通过螺母与支架紧固连接，螺母宜选配弹垫或采用双螺母以防松。各减震器上部螺栓穿过设备底法兰孔通过上下两组螺母夹住设备底法兰固定，螺母宜选配弹垫或采用双螺母以防松。电气设备不选用减震装置进行常规安装时，直接落于支架顶板上，通过螺栓螺母连接，而选用本减震装置后，基本不对设备和支架进行设计变更，不改变原有安装布置形式，在电气设备及其支架之间增设本减震装置所需的额外改动工作较少。

通过设计弹性元件的初始预压缩量可设置装置的触发驱动力，由此保证支柱类电气设备正常工作时不会误动作；在地震发生时通过往复摩擦机制耗散传入电气设备的地震能量，且设备摆动幅度越大则摩擦力越大，耗能效果越显著；在震后通过自恢复机制可使电气设备恢复原位。

根据支柱类电气设备上述 3 阶段的减震功能需求，为使减震装置能够适配变电站（换流站）内不同类型、不同电压等级的支柱类设备，减震器内的摩擦组件有不同的设计形式，其中一种由 n 个双锥面内环和 $n+1$ 组双锥面外环组成，如图 3-68 所示。摩擦组件可以选择黄铜、青铜、各类合金钢等常用摩擦副材料。装置筒身可做特殊处理以增强耐磨性并保证摩擦特性的稳定。

自恢复摩擦减震装置双旗帜滞回曲线如图 3-69 所示，在往复外力作用下，该减震装置的位移-力关系可描述为一、三象限的对角双旗帜形滞回曲线。根据减震器的工作原理，当外力较小时，减震器的力学行为处于图 3-69 中 OA 段，此时减震未被触发，摩擦组件的静摩擦力随外力增大而增大。若外力继续增大达到装置的设计触发力，则可克服减震器内部的最大静摩擦力和弹性元件预紧力，推拉减震装置传动轴开始加载过程，如图 3-69 中 AB 段。加载过程中摩擦组件的摩擦力将随弹性元件压缩量的增大而增大，减震器的出力在加载时等于弹性反力与摩擦力之和，其加载刚度为 k_l。当外力减小，摩擦组件停止之前运动，BC 段表示静摩擦力随外力减小而减小，到 C 点时静摩擦力达反向最大值，该段斜率本文称为转换刚度。CDO 段表示减震器在弹性反力作用下克服摩擦恢复原位的过程，此时减震器刚度为卸载刚度 k_u。

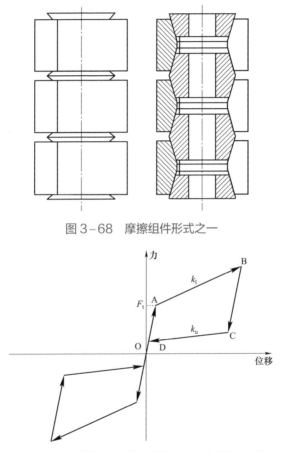

图 3-68　摩擦组件形式之一

图 3-69　自恢复摩擦减震装置双旗帜滞回曲线

通过减震器内部摩擦组件的受力平衡分析，可推导出加载刚度、卸载刚度的计算公式，由加载刚度可得出触发力设计公式。计算假定如下：① 加速度的影响与摩擦力相比可以忽略，因而可以采用静平衡条件；② 忽略滑动摩擦系数和静摩擦系数的差异；③ 摩擦组件内环与传动轴、内外环端面之间的摩擦力可以忽略。

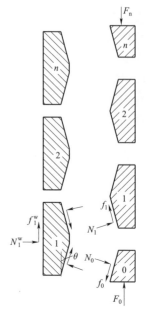

以图 3-68 所示的摩擦组件为例。取出布置在减震器上端的图 3-68 中所示的摩擦组件，其隔离体受力分析如图 3-70 所示。内环的编号从下至上依次为 0、1、2、…、n，外环的编号从下至上依次为 1、2、…、n。

此处 F_0 为弹性元件反力，F_n 为减震器出力。

当摩擦组件从初始位置向下运动，由 0 号内环竖向受力平衡有

$$F_0 = N_0 \sin\theta + f_0\cos\theta \qquad (3-79)$$

将 $f_0=\mu_1 N_0$ 代入上式整理后得

$$N_0 = \frac{F_0}{\sin\theta + \mu_1\cos\theta} \qquad (3-80)$$

由 1 号外环的水平和竖向平衡有

$$\begin{cases} N_1^w + f_0\sin\theta + f_1\sin\theta = N_0\cos\theta + N_1\cos\theta \\ f_1^w + f_0\cos\theta + N_0\sin\theta = f_1\cos\theta + N_1\sin\theta \end{cases} \qquad (3-81)$$

图 3-70 双锥面摩擦组件受力分析图

将 $f_0=\mu_1 N_0$、$f_1=\mu_1 N_1$、$f_1^w = \mu_2 N_1^w$ 代入上式，整理后得

$$\begin{cases} N_1^w + (\mu_1\sin\theta - \cos\theta)N_1 = (\cos\theta - \mu_0\sin\theta)N_0 \\ \mu_2 N_1^w + (\mu_1\cos\theta + \sin\theta)N_0 = (\mu_1\cos\theta + \sin\theta)N_1 \end{cases} \qquad (3-82)$$

由上式解得

$$\begin{cases} N_1^w = aN_0 \\ N_1 = bN_0 \end{cases} \qquad (3-83)$$

a、b 是由减震器中两个摩擦系数和内外环锥面角度决定的常数

$$\begin{cases} a = \dfrac{2\mu_1\cos2\theta + (1-\mu_1^2)\sin2\theta}{(\mu_1-\mu_2)\cos\theta + (1+\mu_1\mu_2)\sin\theta} \\ b = \dfrac{(\mu_1+\mu_2)\cos\theta + (1-\mu_1\mu_2)\sin\theta}{(\mu_1-\mu_2)\cos\theta + (1+\mu_1\mu_2)\sin\theta} \end{cases} \qquad (3-84)$$

对其余外环进行同样分析，可得如下递推等式

$$\begin{cases} N_i^w = aN_{i-1} \\ N_i = bN_{i-1} = b^i N_0 \end{cases} \qquad (3-85)$$

由式（3-9）可得减震器上端所有外环的总摩擦力

$$f = \sum_{i=1}^{n} f_i^{\mathrm{w}} = \sum_{i=1}^{n} \mu_2 N_i^{\mathrm{w}} = \sum_{i=1}^{n} \mu_2 a N_{i-1} = \mu_2 a N_0 \sum_{i=1}^{n} b^{i-1} = \mu_2 a N_0 \frac{1-b^n}{1-b}$$

（3-86）

整理后得

$$f = \mu_2 a N_0 \frac{1-b^n}{1-b} \frac{F_0}{\sin\theta + \mu_1 \cos\theta} = \left(b^n - 1\right) F_0 \quad （3-87）$$

令

$$\beta = b^n - 1 = \left[\frac{\left(1-\mu_1\mu_2\right)\tan\theta + \mu_1 + \mu_2}{\left(1+\mu_1\mu_2\right)\tan\theta + \mu_1 - \mu_2}\right]^n - 1 \quad （3-88）$$

将摩擦组件作为整体考察其竖向静力平衡，有

$$F_{\mathrm{n}} = f + F_0 = \left(1 + \beta\right) F_0 \quad （3-89）$$

因为 $F_0 = k_s x$，所以有

$$F_{\mathrm{n}} = \left(1 + \beta\right) k_s x \quad （3-90）$$

若忽略传动轴变形，则减震器加载刚度计算表达式如下

$$k_1 = \left(1 + \beta\right) k_s \quad （3-91）$$

卸载时，外环与筒壁的摩擦力反向，所以仅需将 $\mu_2 = -\mu_2$ 与式（3-88）、式（3-91）联立即可得到减震器卸载刚度计算表达式

$$k_{\mathrm{u}} = \left[\frac{\left(1+\mu_1\mu_2\right)\tan\theta + \mu_1 - \mu_2}{\left(1-\mu_1\mu_2\right)\tan\theta + \mu_1 + \mu_2}\right]^n k_s \quad （3-92）$$

设计减震器时，应根据电气设备重量、高度、底法兰安装孔布置半径和地震动参数等计算出合理的减震器设计触发力 F_t，该触发力应保证电气设备在大风、机械操作等外力作用下不动作，在一定的地震作用下减震器才被触发。根据电气设备参数和预测的最大位移量计算出合理的减震器设计恢复力 F_r，该恢复力应保证电气设备在地震后恢复原位，避免残余变形。

自恢复减震装置位移—力关系如图 3-71 所示，将图 3-71 中减震器加载过程 AB 线段反向延长与横轴交于 E 点，由自恢复减震器的构造原理可知，E 点为假想的弹性元件处于不受压的自由长度状态。实际对减震器触发力进行设计时，可近似认为减震器的触发力 F_t 为虚线 EA 段与纵轴交点的力值。

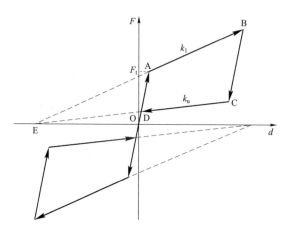

图 3-71 自恢复减震装置位移—力关系

根据 F_t 的数值合理选用摩擦组件的形式、摩擦组件参数、弹性元件型号及预压缩量 ΔL_0 等，同时设计应令滞回曲线饱满，以增强耗能效果，同时需注意保证弹性元件的恢复力大于摩擦力。装置行程取值应保证当电气设备遭遇设防等级的地震时减震器可充分动作发挥耗能功效，而当地震等级超过设防目标时，合理限制减震器的位移，避免电气设备在地震作用下摆动幅度过大。此外，需校核所设计的减震器所能提供的恢复力 F_r 是否能使支柱类设备复位。

3.3.3 自恢复减震装置力学性能

对自恢复减震装置进行低周反复加载性能试验，测试获得的描述位移与力关系的滞回曲线见图 3-72。从图 3-72 可以看出，自恢复减震装置在正向及负向加载过程中，在外力到达 25kN 之前装置未被触发，位移变化很小。外力逐渐增大，当超过装置设计触发力后，减震装置进入工作状态，此时外力克服装置中摩擦组件的摩擦力和弹性元件压力进行加载，装置的位移越大，出力也随之增大。达到最大位移后卸载，此时装置中的摩擦力反向，弹性元件恢复力克服摩擦力将装置内部元件复位，当装置完成复位时，仍保持 10kN 左右的恢复力。随后是与上述过程类似的反向加载过程，正向与反向加载过程的位移—力关系形成了一、三象限的"双旗帜"本构关系，在整个滞回曲线整体来看，图形较为饱满，具有较强的耗能能力。二、四象限没有滞回面积，表明该减震装置具有自恢复特性，不需要外力参与装置可自动回位。

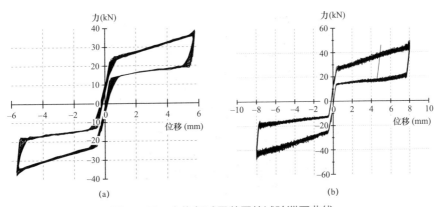

图 3-72 自恢复减震装置的试验滞回曲线

（a）位移 6mm 滞回曲线；（b）位移 8mm 滞回曲线

3.4 振动台试验实例

适配于户外支柱类电气设备的理想减震装置应尽量满足如下需求：正常工作状态下，能够长期承载结构重量，保证设备安全稳定运行。如隔离开关和断路器这些开关类设备在进行开合闸操作产生机械力，另外在大风天气下户外支柱类设备承受一定的风荷载，然而一般操作机械力和风荷载不对设备安全构成威胁，此时希望减震装置保持固定连接，不因外力而误动作。遭遇地震时，减震装置应可靠启动，迅速进入工作状态，消耗传入设备地震能量。地震后，减震装置应使电气设备自动恢复原位，避免电气设备在经历多次地震或余震后，积累偏移、倾斜等不利影响而带来的安全隐患。以 1100kV 断路器为例介绍支柱类设备及其减震体系的振动台试验，通过对比设备本体与加装自恢复减震装置设备的地震响应，考察自恢复减震装置的减震效果。通过测试减震装置的残余位移及地震过程中减震装置最大位移验证减震装置的自恢复效果。

3.4.1 试验布置

本试验采用的支柱类电气设备为 1100kV 断路器，生产厂家为平高电气股份有限公司，待测设备高度（含支架）17.9m，支柱复合套管共 4 节，每节 2.2m，4 节支柱复合套管玻璃钢筒的外径 410mm、内径 358mm，套管弹性模量为 18GPa，设备总重（含支架）3.8t。

试验在重庆大学振动台实验室完成，振动台系统为美国 MTS 系统，台面尺寸 6.1m×6.1m，载重量 60t，最大倾覆力矩 1800kN·m，工作频率 0.1～50Hz。该振动台可完成 3 向 6 自由度地震模拟，X、Y、Z 三向的最大加速度分别为 ±1.5g、±1.5g、±1.0g，最大速度分别为 ±1.20、±1.20、±1.00m/s，最大位移分别为 ±0.25、±0.25、±0.20m。1100kV 断路器安装在振动台上如图 3-73 所示。

图 3-73　1100kV 断路器抗震及减震试验

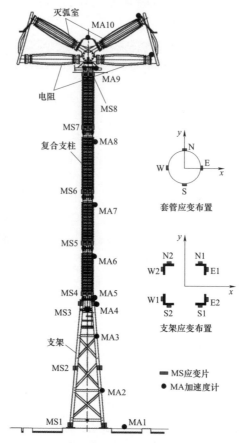

图 3-74　1100kV 断路器振动台试验应变与加速度测点布置

　　分别布置在台面、钢支架顶部、每节支柱复合套管顶部法兰、设备顶部布置三向加速度计；分别在钢支架底部、中部、顶部，每节支柱复合套管根部，顶套管顶部布置应变片。待测试件测点布置图如图 3－74 所示，图中 MS 代表应变片，MA 代表加速度传感器。此外，在设备底板和支架顶板之间各角点安装了拉线式位移传感器，以测量减震装置试验前后的残余变形及试验过程中的最大位移，位移传感器布置如图 3－75 所示。

图 3－75　1100kV 断路器振动台试验位移传感器布置

根据国家电网公司企业标准《特高压瓷绝缘电气设备抗震设计及减震装置安装与维护技术规程》（Q/GDW 11132－2013），试验地震动采用标准时程波。由于试件顶部有悬臂结构，试验时应分别考察 1100kV 断路器在 X 向（水平向）＋Z 向（竖直向）和 Y 向（水平向）＋Z 向（竖直向）地震动激励下的响应，根据《特高压瓷绝缘电气设备抗震设计及减震装置安装与维护技术规程》，其中竖向地震动峰值加速度为水平向的 80%。

试验工况如表 3－14 所示，对不装减震装置的 1100kV 断路器设备本体和安装减震装置后的 1100kV 断路器分别进行表 3－14 所示工况的振动台试验。

表 3－14　　　　　　　　　　　1100kV 断路器试验工况

序号	地震动峰值加速度	方向	水平向目标峰值加速度（m·s⁻²）
1	白噪声	三向	0.05g
2	标准时程波	X+Z	0.15g
3	白噪声	三向	0.05g
4	标准时程波	Y+Z	0.15g
5	白噪声	三向	0.05g
6	标准时程波	X+Z	0.30g
7	白噪声	三向	0.05g
8	标准时程波	Y+Z	0.30g
9	白噪声	三向	0.05g
10	标准时程波	X+Z	0.40g
11	白噪声	三向	0.05g
12	标准时程波	Y+Z	0.40g
13	白噪声	三向	0.05g

3.4.2　试验结果

在标准时程波地震作用下，安装自恢复减震装置前后 1100kV 断路器套管根部的应力时程对比如图 3－76 所示。

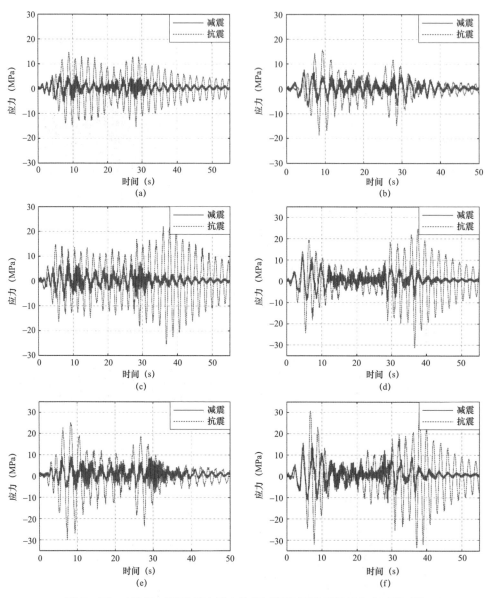

图 3-76　1100kV 断路器安装自恢复减震装置前后根部应力时程对比

（a）X+Z 向，0.15g；（b）Y+Z 向，0.15g；（c）X+Z 向，0.3g；（d）Y+Z 向，0.3g；

（e）X+Z 向，0.4g；（f）Y+Z 向，0.4g

　　6 种地震工况中，自恢复减震装置对 1100kV 断路器的峰值应力减震效率如表 3-15 所示。由表 3-15 可知，安装减震装置前，被测设备的峰值应力最大可达 33.84MPa，而安装减震装置后，被测设备的峰值应力未超过 15.84MPa。各工况套管最大应力减震效率在 53.2%～68.3%范围内。试验中测得减震装置位移时程如图 3－77 所示。

表 3－15　　　　　　　　　1100kV 断路器峰值应力减震效率

工况序号	减震前峰值应力（MPa）	减震后峰值应力（MPa）	减震效率
2	15.30	6.03	60.6%
4	18.81	7.74	58.9%
6	25.20	8.64	65.7%
8	31.28	12.60	59.7%
10	30.10	9.54	68.3%
12	33.84	15.84	53.2%

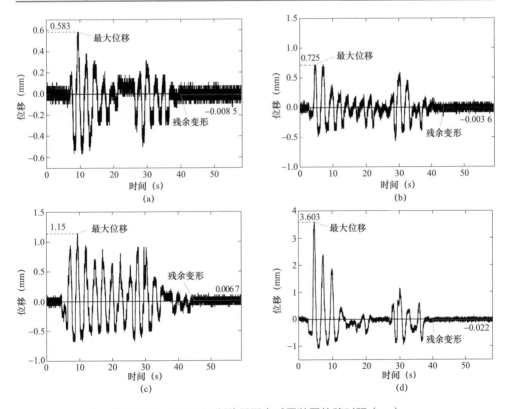

图 3－77　1100kV 断路器配套减震装置位移时程（一）

（a）X+Z 向，0.15*g*；（b）Y+Z 向，0.15*g*；（c）X+Z 向，0.3*g*；（d）Y+Z 向，0.3*g*

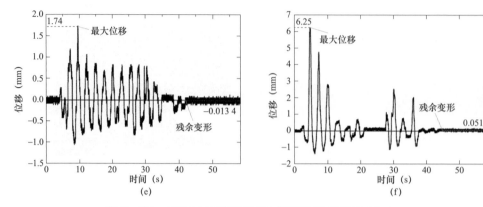

图 3-77 1100kV 断路器配套减震装置位移时程（二）

（e）X+Z 向，0.4g；（f）Y+Z 向，0.4g

测试得到 6 种地震工况下自恢复减震装置的位移峰值、残余变形绝对值和残余变形率如表 3-16 所示。由表 3-16 可知，各工况下减震装置的残余变形率在不大于 1.5%。

表 3-16   1100kV 断路器配套减震装置残余变形率

工况序号	位移峰值（mm）	残余变形绝对值（mm）	残余变形率
2	0.583	−0.008 5	1.5%
4	0.725	−0.003 6	0.5%
6	1.15	0.006 7	0.6%
8	3.603	0.022	0.6%
10	1.74	0.013 4	0.8%
12	6.25	0.051	0.8%

4

变电站（换流站）地震响应在线监测与震损评估技术

在提高变电站（换流站）关键设施抗震能力的同时，有必要从总体的角度评估变电站的地震风险，对照灾害风险管理的要求，加强对变电站总体震损风险的整体把握，提出变电站地震风险评估的方法并开发系统，为变电站地震风险的管理提供支撑。

地震发生后短时间内评估变电站（换流站）的震损等级对电网震后应急响应至关重要。变电站（换流站）由站内各种电气设备和建构筑物组成，评估变电站（换流站）的损伤状态就是评估站内电气设备和建构筑物的损伤状态。为了实现"快速"的目标，需要震前掌握站内电力设施的抗震性能。可根据站内电力设施的结构与功能特征来定义电力设施各性能水准下的震后状况和应达到的抗震性能水平，再分析不同输入地震动下变电力设施的震损特征，以概率的方式建立地震动输入与电力设施震损之间的关系，即建立易损性模型。地震一旦发生，可根据在线监测数据提供的地震动输入信息，给出预估的变电站震损等级。

4.1　电力设施的抗震安全评估分项

变电站（换流站）以主变压器（换流变压器）为核心，实现电能的转换与配置。不同的变电站（换流站）内电气设备和建构筑物虽在布局上有较大差异，但在类型上较为统一。根据这种特征，在电力设施的易损性研究中，可选取典型的电力设施进行实例分析，并在此基础上形成具有普遍适用性的变电站（换流站）抗震评估方法。

以图 4-1 中的特高压变电站为例，站内电力设施分为建构筑物和电气设备，其中建构筑物主要为主控楼、站内配电装置小室和配电构架。站内电气设备种类繁多，主要为支柱类设备，其以陶瓷材料或复合绝缘子为支撑构件，包括支柱绝缘子、避雷器、互感器、隔离开关；GIS 设备，包括出线套管、密闭罐体的母线和伸缩节以及开关设备；变压器类设备，包括本体和套管，另有油箱和散热器等附件；多柱支撑结构设备，如电容器和电抗器；柜体设备，如配电柜、通信屏柜、服务器柜；设备母线，包括引下线、管母线、软母线。上述设备在特高压站内一般分布在三种电压等级区域：1000kV 区域、500kV 区域和 110kV 区域。

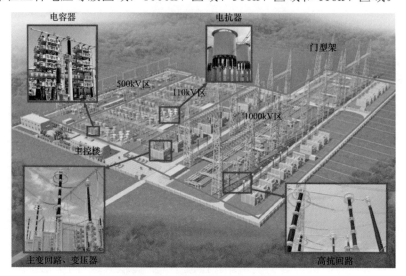

图 4-1 特高压变电站示意图

图 4-2 为典型 750kV 变电站的电力设施平面布置和电气主接线图，可见该

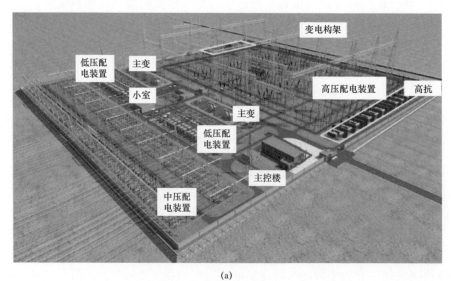

(a)

图 4-2 典型 750 kV 变电站的电力设施布置图和主接线图（一）

（a）电力设施布置图

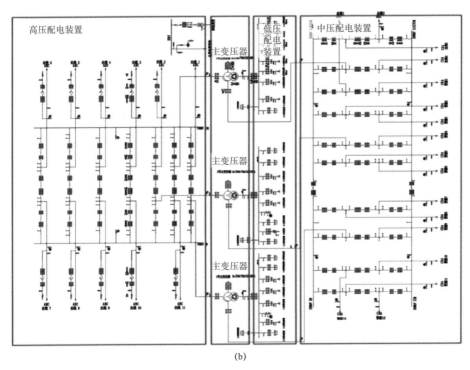

(b)

图 4-2 典型 750 kV 变电站的电力设施布置图和主接线图（二）

（b）主接线图

变电站中站内电力设施类型与上述特高压变电站大致相同。对于典型的特高压交流变电站、750kV、500kV 以及 330kV 变电站，地震安全评估可按表 4-1 进行地震安全评估分项。

表 4-1 特高压以及 750、500kV 和 330kV 变电站地震安全评估分项

分项序号	名称	说明
S1	主控通信楼	建筑结构和楼内与变电站功能相关的通信和控制等设施
S2	主变压器	主变压器及其备用相
S3	高压侧配电装置	户内或户外布置的高电压侧的电气设施、设备支架和母线，包含高压侧的 GIS 设备、HGIS 设备、罐式断路器 AIS 等
S4	高压并联电抗器	并联电抗器及其备用相
S5	户内或户外中压侧配电装置	户内或户外布置的中压侧的电气设施、设备支架和母线，包含中压侧的 GIS 设备、HGIS 设备、罐式断路器 AIS 等

续表

分项序号	名称	说明
S6	低压配电装置及无功补偿	户内或户外布置的低电压侧的电气设施、设备支架和母线，无功补偿区域内的电抗器和电容器等
S7	小室及室内配电装置	站内小室建筑及室内的配电柜、通信柜、控制柜等
S8	重要附属设施	站用变压器和消防等重要附属设施
S9	变电构架与避雷针	站内的高、中和低压变电构架，避雷针、构架上悬挂或支撑母线的绝缘子

图 4-3 所示为典型的 220kV 变电站的电力设施平面布置和主接线图。敞开布置的 220kV 变电站与典型特高压变电站或 750kV 变电站在设备类型上相近，但值得注意的是，220kV 变电站有多种紧凑型的布置方式，因此其站内电力设施的抗震安全评估分项应参照表 4-2 进行适当的调整。

表 4-2　　　　　　　　　　220kV 变电站地震安全评估分项

布置形式 I 名称：户外 GIS 方案	布置形式 II 名称：半户内方案	布置形式 III 名称：HGIS 方案	布置形式 IV 名称：AIS 方案
S1 配电装置楼 S2 主变压器 S3 高压侧配电装置-GIS S4 中压侧配电装置-GIS S5 室内低压配电装置及小室（含户内开关柜等） S6 低压无功补偿 S7 变电构架与避雷针 S8 重要附属设施	S1 主变压器 S2 高压侧配电装置楼（含户内 GIS、无功设备和低压配电装置等） S3 中压侧配电装置（含户内 GIS、无功设备和低压配电装置等） S4 变电构架与避雷针 S5 重要附属设施	S1 配电装置楼 S2 主变压器 S3 高压侧配电装置（含HGIS） S4 中压侧配电装置（含GIS、HGIS、柱式断路器AIS 等） S5 低压配电装置及小室 S6 低压无功补偿（含户内开关柜等） S7 变电构架与避雷针 S8 重要附属设施	S1 配电装置楼 S2 主变压器 S3 高压侧配电装置（含罐式、柱式断路器AIS 等） S4 中压侧配电装置（含罐式、柱式断路器等） S5 低压配电装置及小室 S6 低压无功补偿（含户内开关柜等） S7 变电构架与避雷针 S8 重要附属设施

对于 110kV 变电站，抗震安全评估分项可进一步简化为表 4-3 中的形式。

表 4-3　　　　　　　　　　110kV 变电站地震安全评估分项

布置形式 I 名称：户外 GIS 方案	布置形式 II 名称：半户内方案	布置形式 III 名称：AIS 方案
S1 主变压器 S2 高压侧配电装置（含 GIS 等） S3 低压配电装置及小室（含户内开关柜等） S4 低压无功补偿 S5 变电构架与避雷针 S6 重要附属设施	S1 主变压器 S2 配电装置楼 S3 变电构架与避雷针 S4 重要附属设施	S1 主变压器 S2 高压侧配电装置（含罐式、柱式断路器等） S3 低压配电装置及小室（含户内开关柜等） S4 低压无功补偿 S5 变电构架与避雷针 S6 重要附属设施

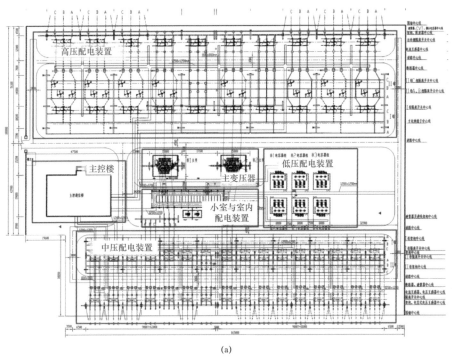

(a)

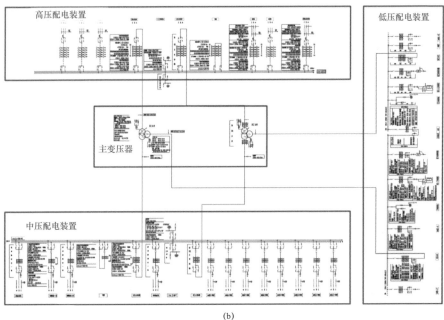

(b)

图 4-3　典型 220 kV 变电站的电力设施平面布置和主接线图

（a）电力设施布置图；（b）主接线图

换流站与变电站显著的区别在阀厅，且在配电装置上分为直流区域和交流区域，因此其抗震安全评估分项应有所不同。对于典型的换流站，地震安全评估分项按表 4-4 进行。

表 4-4 换流站地震安全评估分项

分项序号	名称	说　明
S1	控制楼与综合楼	建筑结构和楼内与换流站功能相关的通信和控制等设施
S2	阀厅	阀厅建筑和阀厅内电气设施，含穿墙套管
S3	换流变压器	换流变压器及其备用相
S4	直流场	直流场内的各类型支柱类电气设施、断路器、隔离开关、GIS 设备、平波电抗器和母线等，含户外和户内直流场
S5	交流场	交流场内的各类型支柱类电气设施、断路器、隔离开关、交流滤波器和母线等
S6	交流滤波器场	交流滤波器场内的各设备
S7	小室及室内配电装置	站内小室建筑及室内的配电柜、通信柜、控制柜等
S8	变电构架与避雷针	站内的交、直流场的构架，避雷针，构架上悬挂或支撑母线的绝缘子
S9	消防等重要附属设施	站用变压器和消防等重要附属设施

各个分项的电力设施对于变电站的震后恢复功能的重要程度不同。在确定各个分项对变电站震后功能的影响程度时可从如下方面考虑：① 某分项震损后可能造成人员伤亡的风险程度高则权重高，控制楼是站内人员密集的地方，因此被赋予最高的权重；② 不同分项震损后对变电站功能的影响程度不同，如某项震损使变电站失去主要功能则权重高，某项震损使变电站失去部分次要功能则权重低；③ 某分项震损后恢复需要用的时间长则权重高，如主变和高压电抗器因运输等因素震损恢复时间较长则权重高；④ 某分项震损后恢复需要的资金代价高则权重高。基于上述原则进行分析，确定了变电站（换流站）抗震安全评估中各分项的权重系数。对于典型的变电站各分项的权重系数按表 4-5 取值，对于典型的换流站各分项的权重系数按表 4-6 取值，应用时可根据实际情况适当调整。

表 4-5 变电站抗震安全评估的分项重要性权重系数

子项序号	名称	权重
1	主控通信楼	0.18
2	主变压器	0.19

续表

子项序号	名称	权重
3	高压侧配电装置	0.15
4	高压并联电抗器	0.10
5	户内或户外中压侧配电装置	0.10
6	低压配电装置及无功补偿	0.08
7	小室及室内配电装置	0.08
8	重要附属设施	0.07
9	配电构架与避雷针	0.05

表4-6　　　　　　换流站抗震安全评估的分项重要性权重系数

子项序号	名称	权重
1	控制楼与综合楼	0.20
2	阀厅	0.15
3	换流变压器	0.15
4	直流场	0.10
5	交流场	0.07
6	交流滤波器场	0.07
7	小室及室内配电装置	0.08
8	配电构架与避雷针	0.08
9	消防等重要附属设施	0.10

在上述基于功能的（变电站）换流站抗震安全评估分项的基础上，进行电力设施震损评估时可选择各分项区域内主要电力设施及其耦联体系进行评估，通过加权的方式可得到全站的震损等级。

4.2　震损评估方法

4.2.1　评估方法

收集站内建构筑物和电气设备抗震分析资料，其中建构筑物资料包括站区勘察报告，主控通信楼、控制楼、阀厅、综合楼、配电装置楼等建筑物设计依据和竣工图，构架布置图和透视图，构架柱、构架梁及基础的竣工图。电气设备资料包括，主变类设备、交直流配电装置及其重要附属设施的结构图和设备重量数据，套管的力学性能参数，设备的安装图纸，设备支架与基础的图纸。对已进行抗震试验或抗震计算的电气设施及其耦联体系，还应收集相关的试验报告或分析报告的结论。

抗震性能水准是对变电站（换流站）震损程度的宏观判别，以震后的功能状态为基础，可分为 1、2、3、4 四个水准。各水准的基本定义见表 4-7。站内各分项抗震性能等级的评估需综合考虑设防类别、设防烈度和结构抗震能力，分为 A、B、C 三个等级，表示抗震性能优良、抗震性能满足和抗震性能不足。每个等级均与一组在指定地震地面运动下的结构抗震性能水准相对应，按表 4-8 进行判别。当评估的性能水平比表 4-8 中规定的性能不足等级对应水平更低时，可仍按性能不足评定。当评估的性能水平比表 4-8 中规定的性能优良等级对应水平更高时，可仍按性能优良评定。

表 4-7 各性能水准预期的震后性能状况

性能水准	宏观损害程度	继续使用的可能性
1	无损坏	功能发挥不中断
2	轻微损坏	部分功能短暂中断后可恢复
3	中度损坏	部分功能中断，可在一段时间内（如 15 天）修复
4	严重或完全损坏	主要功能受损，需要较长时间（如 60 天）才可能修复

表 4-8 站内各分项的抗震性能等级

地震水准	性能水平		
	A 级（性能优良）	B 级（性能满足）	C 级（性能不足）
多遇地震	1	1	2
设防地震	1	2	3
罕遇地震	2	3	4

地震发生后进行抗震安全性评估时，根据地震监测数据判断所发生地震属于多遇、设防或是罕遇水平，结合震后抗震评估结果，进行站内各分项的抗震性能等级评估，通过加权方式得到变电站（换流站）抗震安全性指标。该指标按计算公式为

$$S_{po} = \Sigma \left(F_i \cdot C_{1i} \right) \qquad (4-1)$$

式中：C_{1i} 为第 i 分项的在该次地震中性能表现的评估等级，评估为 A 级时分值为 10 分，B 级时分值为 6 分，C 级时分值为 0 分；S_{po} 为变电站（换流站）在该

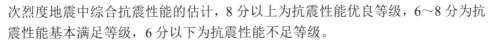

次烈度地震中综合抗震性能的估计，8分以上为抗震性能优良等级，6～8分为抗震性能基本满足等级，6分以下为抗震性能不足等级。

1. 主控通信楼、控制楼、综合楼和配电装置小室

主控通信楼、控制楼、综合楼和配电装置小室是变电站（换流站）中的建构筑物，抗震评估中包含建筑结构和楼内与变电站（换流站）功能相关的通信和控制等设施。作为震后受损状况评估的依据，其抗震性能水准可按以下规定判别。

性能水准1：宏观损坏程度完好，关键竖向构件（关键竖向构件指该构件的失效可能引起连续破坏或危及生命安全的严重破坏）和耗能构件（耗能构件指框架梁，剪力墙连梁及耗能支撑）处于弹性状态、无损坏，填充墙和门窗等非结构构件完好，不需要修理即可继续使用。

性能水准2：宏观损坏程度轻微损坏，关键竖向构件无损坏，耗能构件轻微损坏，填充墙和门窗等非结构构件局部开裂但无坠落，稍加修理即可继续使用。

性能水准3：宏观损坏程度轻微损坏，关键竖向构件轻微损坏，耗能构件轻微损坏、部分中度损坏，填充墙和门窗等非结构构件轻度损坏、无大面积坠落，一般修理后才可继续使用。

性能水准4：宏观损坏程度中度损坏，关键竖向构件轻微损坏，耗能构件中度损坏、部分严重损坏，填充墙和门窗等非结构构件中度或严重损坏，需要较长时间修复或加固后才可继续使用。

2. 配电构架与避雷针

变电站（换流站）配电构架与避雷针的抗震评估包含站内的高、中和低压配电构架，避雷针，构架上悬挂或支撑母线的绝缘子，但不包括设备支架。抗震性能水准的判别原则如下。

性能水准1：宏观损坏程度完好、无损坏，构架梁、柱及其节点完好、无损坏，避雷针和悬挂绝缘子完好、无损坏，不需要修理即可继续使用。

性能水准2：宏观损坏程度轻微损坏，构架梁、柱及其节点完好、无损坏，避雷针和悬挂绝缘子轻微损坏，不需要修理即可继续使用。

性能水准3：宏观损坏程度轻微损坏，构架梁、柱及其节点轻微损坏、不影响承载，避雷针轻微或中度损坏、有可见变形但未倾倒，悬挂绝缘子轻微损坏，一般修理后才可继续使用。

性能水准4：宏观损坏程度中等或显著变形、但未倒塌，构架梁、柱及其节点中度损坏，发生不适宜继续承载的变形，避雷针中度损坏，未发生坠落，悬挂绝缘子中度损坏、部分坠落，需要较长时间修复或加固后才可继续使用。

3. 阀厅

阀厅的抗震评估包含换流站内阀厅和阀厅内设备，抗震性能水准按以下规定判别。

性能水准 1：宏观损坏程度完好、无损坏，竖向构件和悬挂梁完好、无损坏，耗能构件处于弹性状态、无损坏，穿墙套管完好、无损坏，不需要修理即可继续使用。

性能水准 2：宏观损坏程度轻微损坏，竖向构件和悬挂梁完好、无损坏，耗能构件轻微损坏、部分轻度损坏，穿墙套管轻微损坏、可继续使用，稍加修理即可继续使用。

性能水准 3：宏观损坏程度轻度损坏，竖向构件和悬挂梁轻微损坏，耗能构件轻度损坏，穿墙套管轻度损坏，一般修理后才可继续使用。

性能水准 4：宏观损坏程度中度损坏，竖向构件和悬挂梁轻度或中度损坏、无倒塌，耗能构件轻微损坏，穿墙套管中度损坏，短期内难以修复，需要较长时间修复或加固后才可继续使用。

4. 主变类设备

主变类设备的抗震评估包含变电站（换流站）的主变压器、换流变压器、站用电变压器和高压并联电抗器，抗震性能水准按以下规定判别。

性能水准 1：宏观损坏程度完好，器身无支撑损害或移位，主变设备套管完好、无损坏，其他非结构部件无损坏，震后的功能不中断。

性能水准 2：宏观损坏程度轻微损坏，器身无损坏，主变设备套管无损坏，其他非结构部件轻微损坏，震后的功能中断后可自行恢复。

性能水准 3：宏观损坏程度中度损坏，器身无明显损坏，主变设备套管出现漏油、但无套管或法兰断裂，其他非结构部件轻微损坏，震后功能需检修后才能恢复。

性能水准 4：宏观损坏程度严重损坏，器身出现内部支撑破坏、内部断裂或移位，主变设备套管出现漏油、套管或法兰断裂，其他非结构部件有附件坠落，震后功能在短期内难以恢复。

5. 交直流配电装置

交直流配电装置的抗震评估包含换流站交、直流场设施，变电站中高压配电装置、中压配电装置和无功补偿区域设备。对于设备安装在户内的情况，设备部分根据本节内容进行评估，厂房部分可参照阀厅或主控通信楼、控制楼和综合楼和配电装置小室的抗震性能等级要求进行评估。

性能水准 1：宏观损害程度无损坏，支柱类设备套管或绝缘子处于弹性状态、无损坏，支柱类设备上的非结构部件完好、无损坏，电容器和电抗器等塔型设备的支撑绝缘子处于弹性状态、无损坏，不需要修理即可继续使用。

性能水准 2：宏观损害程度轻微损坏，支柱类设备套管或绝缘子无明显损坏或开裂，支柱类设备上的非结构部件轻微损坏，不至明显附件坠落，电容器和电抗器等塔型设备的支撑绝缘子无明显损坏或开裂，不需要修理即可继续使用。

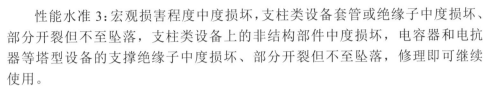

性能水准3：宏观损害程度中度损坏，支柱类设备套管或绝缘子中度损坏、部分开裂但不至坠落，支柱类设备上的非结构部件中度损坏，电容器和电抗器等塔型设备的支撑绝缘子中度损坏、部分开裂但不至坠落，修理即可继续使用。

性能水准4：宏观损害程度严重损坏，支柱类设备套管或绝缘子断裂或明显破坏，支柱类设备上的非结构部件明显破坏或坠落，电容器和电抗器等塔型设备的支撑绝缘子断裂或明显破坏，短期内难以恢复。

6. 重要附属设施

变电站（换流站）重要附属设施的抗震评估主要针对站用电变压器和消防设施，其中站用电变压器的抗震评估可参照主变类设备进行。消防设施抗震性能水准按以下规定判别。

性能水准1：宏观损坏程度无损坏，喷淋、喷雾及水炮装置无损坏，消防给水管道及水箱、水泵及水池无损坏，泡沫灭火与气体灭火系统无损坏，烟火监测与火灾自动报警无损坏，消防供电与应急照明无损坏，震后功能不中断。

性能水准2：宏观损坏程度基本完好，喷淋、喷雾及水炮装置轻微损坏但功能完好，消防给水管道及水箱、水泵及水池轻微损坏但功能完好，泡沫灭火与气体灭火系统轻微损坏但功能完好，烟火监测与火灾自动报警无损坏，消防供电与应急照明无损坏，震后功能不中断。

性能水准3：宏观损坏程度轻度损坏，喷淋、喷雾及水炮装置轻度损坏，可继续发挥主要功能，消防给水管道及水箱、水泵及水池轻度损坏，可继续发挥主要功能，泡沫灭火与气体灭火系统轻度损坏，可继续发挥主要功能，烟火监测与火灾自动报警轻微损坏，消防供电与应急照明轻微损坏，震后功能部分中断，主要功能可继续发挥。

性能水准4：宏观损坏程度中度损坏，喷淋、喷雾及水炮装置中度损坏，消防给水管道及水箱、水泵及水池中度损坏，泡沫灭火与气体灭火系统中度损坏，烟火监测与火灾自动报警部分损坏，消防供电与应急照明部分损坏，震后相当部分功能中断，仍可发挥一定功能。

4.2.2 评估实例

利用概率地震易损性理论进行支柱绝缘子—管母耦联体系抗震性能分析，该耦联体系是高压配电装置的重要组成部分。

支柱绝缘子-管母耦联体系的有限元模型主要包括支柱绝缘子、支架、管母和金具。由于设备耦联体系中涉及的杆件和节点众多，一般建立梁单元模型进行抗震分析，对有特别需要的细部再建立实体单元有限元模型。支柱绝缘子根据组成设备的各节绝缘子的力学性能进行建模，按绝缘子实际刚度分段赋予梁单元属性。绝缘子可以分为套管段以及套管与金属法兰的连接段。对于套管段，其抗弯刚度取决于绝缘子截面和材料弹性模量，按空心圆截面建模。对于套管与金属法兰的连接段，其构造较为复杂，且不同厂家生产的绝缘子连接段的构造不同，其抗弯刚度一般通过弯曲试验确定，在缺少试验资料时，也可根据《电力设施抗震设计规范》（GB 50260—2013）中的经验公式确定。金具可按相应的连接类型简化为固接、铰接或滑动连接。图 4-4 为滑动金具，管母可在滑动槽方向滑动，从而释放温度或基础不均匀沉降产生的附加应力。假设滑动摩擦阻力可以忽略，在建立有限元模型时可释放节点相应方向的自由度。

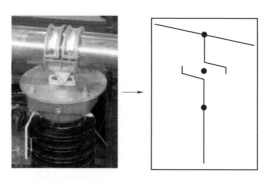

图 4-4　滑动金具的模拟

　　耦联体系中的设备支架和管母均为金属材料，可按实际截面和质量分别赋予梁单元属性。支架与绝缘子一般通过螺栓法兰连接，支架顶部法兰盘的螺栓分布圆半径一般较大，且法兰有加劲设计，因此可认为支架与绝缘子之间节点为刚性连接。

　　支柱绝缘子—管母耦联体系的震害主要表现为绝缘子的震损，因此绝缘子的弯矩内力（或应力）是抗震性能评价的重点。根据带电设备在绝缘性上的要求，绝缘子主要有两种类型，瓷质材料绝缘子和玻璃纤维复合材料绝缘子。对于瓷质材料绝缘子，以瓷套的许用应力作为评价标准；对于玻璃纤维复合材料绝缘子，由于破坏模式较为复杂，可能是套管与法兰的连接破坏或是法兰的破坏，抗震分析中可以根据厂家提供的绝缘子最大抗弯荷载作为评价标准。

　　地震易损性是指在不同强度等级地震下，结构发生一定程度损伤的概率。概率地震易损性分析理论是通过建立概率地震需求模型，结合结构损伤对应的承载能力限值，实现对结构的易损性评价。概率地震需求模型可以表达地震强度（IM）和结构响应（EDP）的条件相关性，体现结构的自身抗震性能。通过对结构输入离散的地震动，得到 $IM-EDP$ 样本对，如图 4-5 所示，再寻找地震烈度参数 IM 与工程需求参数 EDP 的回归关系。

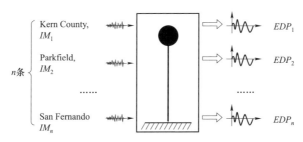

图 4-5 *IM-EDP* 样本对

根据相关研究，*EDP* 与 *IM* 之间一般服从指数回归关系

$$E\hat{D}P = c(IM)^b \tag{4-2}$$

式中：c、b 为回归系数。转换到对数坐标后用最小二乘法可以进行一元线性回归，即

$$\ln(E\hat{D}P) = \ln(c) + b\ln(IM) \tag{4-3}$$

结构的地震易损性指某种强度地震下（IM_0），结构地震响应 *EDP* 超过承载能力限值 d 的概率，是一种条件概率，定义为 $F_R(x) = P(EDP > d \mid IM_0)$，根据线性回归的统计特征，有

$$F_R(x) = 1 - T_{n-2}\left[\frac{\ln(d) - (a + bx_0)}{\beta}\right] \tag{4-4}$$

其中：

$$\beta = \left[1 + \frac{1}{n} + \frac{(x_0 - \bar{x})^2}{l_{xx}}\right]^{1/2}\hat{\sigma}^* \tag{4-5}$$

式中：l_{xx}、$\hat{\sigma}^{*2}$ 为线性回归参数，$T_{n-2}[\cdot]$ 表示自由度为（$n-2$）的 t 分布的累积概率密度函数。这种评价方式考虑了地震动的随机性，且以失效概率形式表达的结构抗震性能指标易于同社会经济指标进行联合分析。

图 4-6 为一例典型的高压变电站支柱绝缘子—管母耦联体系有限元模型，4 支支柱绝缘子支撑管母线呈 L 型分布。每根支柱绝缘子由 4 节长为 2.4m 的纤维复合材料绝缘子组成，各节通过法兰连接，固定于 5m 高的格构式支架上；转角位置的支柱绝缘子 C 顶部为固定金具，A、B 和 D 顶部为滑动金具。构件的截面特性见表 4-9。参照相关试验资料，绝缘子与法兰连接段的抗弯刚度为套管段抗弯刚度的 1/3。模态分析显示，模型 X 向一阶频率为 1.5s，Y 向一阶频率为 1.29s。

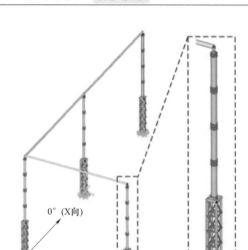

图4-6　典型的支柱绝缘子—管母耦联体系有限元模型

根据该绝缘子的技术资料，其极限抗弯承载能力为 150kN·m。根据 IEC 61462 规范，对于复合材料绝缘子，运行状态下设备的许用承载力一般为 40%极限承载力。因此以 $M_{cr}=150$kN·m 作为绝缘子倒塌破坏对应的承载力限值，以 40%M_{cr} 作为损伤对应的承载力限值。

表4-9 模 型 参 数

名称	截面	材料及模量
绝缘子	空心圆截面	复合材料
	外径 35 cm，壁厚 3 cm	32 GPa
管母	空心圆截面	铝材
	外径 25 cm，壁厚 2 cm	72 GPa
支架主材	空心圆截面	钢材
	外径 15 cm，壁厚 1 cm	211 GPa
支架辅材	空心圆截面	钢材
	外径 10 cm，壁厚 0.75 cm	211 GPa

为建立概率地震需求模型，需选择多条离散地震动作为时程分析的输入。根据文献研究，以矩震级和震中距作为离散条件，可以考虑到地震的普遍特性，以相对较小的样本量即可达到回归效果。本文以矩震级 $M_w=6.5$ 作为区分小震和大震的标准，以距断层最短距离 $R=30$km 作为区分近场和远场地震的标准，

从 PEER 强震数据库选择出 36 条地震动，如图 4-7 所示。其中，大部分为 II 类场地震记录，其次为 I 类和 III 类地震记录，符合变电站工程选址的场地类型的总体情况。

根据文献研究，以结构周期对应的谱加速度值 S_a 作为地震动强度参数 IM 的代表值有利于提高需求模型中 IM 与 EDP 的相关性。本文选择谱加速度 S_a 作为需求模型中的 IM 参数，列于表 4-10 中。将所选择的地震动分别输入到绝缘子耦联体系中，分析设备的地震响应。根据绝缘子的震损特点，提取设备底部最大弯矩响应 M，将其作为工程需求参数 EDP 的代表值，列于表 4-10 中。由此就得到了建立概率地震需求模型所需的 IM-EDP 样本对。

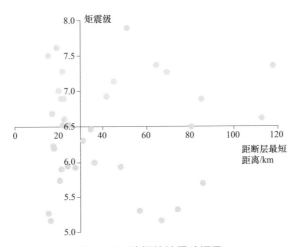

图 4-7　选择的地震动记录

表 4-10　　　　　　　IM 与 EDP 参数表（0°方向地震动输入）

地震记录名称	IM：Sa（g）	EDP：M（N·m）	地震记录名称	IM：Sa（g）	EDP：M（N·m）	地震记录名称	IM：Sa（g）	EDP：M（N·m）
Kern County	0.052	9.27×10^3	Borah Peak	0.015	4.71×10^3	Northridge	0.126	2.08×10^4
Parkfield	0.073	1.04×10^4	Whittier	0.050	1.19×10^4	Duzce	0.021	3.50×10^3
Lytle Creek	0.004	9.00×10^2	Superstition	0.108	1.92×10^4	Manjil	0.111	3.11×10^4
San Fernando	0.076	2.08×10^4	Loma Prieta	0.101	1.59×10^4	Northridge	0.007	5.39×10^3
Friuli, Italy	0.027	6.57×10^3	Mendocino	0.143	3.08×10^4	S J Bautista	0.002	1.29×10^3
Santa Barbara	0.049	8.66×10^3	Landers 1	0.160	1.98×10^4	Mohawk Val	0.001	4.84×10^2
Coyote Lake	0.029	1.14×10^4	Landers 2	0.132	2.80×10^4	CA Gulf	0.003	4.23×10^3
Imperial Valley 1	0.072	1.06×10^4	Big Bear	0.107	2.55×10^4	CA/Baja	0.028	2.84×10^3

续表

地震记录 名称	IM: Sa （g）	EDP: M （N·m）	地震记录 名称	IM: Sa （g）	EDP: M （N·m）	地震记录 名称	IM: Sa （g）	EDP: M （N·m）
Imperial Valley 2	0.383	4.29×10^4	Northridge	0.582	1.11×10^5	Denali	0.014	8.56×10^3
Imperial Valley 3	0.073	1.12×10^4	Kobe	0.309	3.17×10^4	Chi-Chi 2	0.049	1.05×10^4
Mammoth	0.023	4.58×10^3	Kocaeli	0.593	9.30×10^4	San Fernando	0.008	1.48×10^3
Irpinia	0.160	3.06×10^4	Chi-Chi 1	0.220	4.70×10^4	Chi-Chi 3	0.064	1.25×10^4

注　M 为各支柱绝缘子中弯矩内力响应的最大值。

对 IM 和 EDP 参数取对数后进行线性回归分析，如图 4-8（a）所示。得到概率地震需求模型为

$$\ln(\hat{M}) = 11.5 + 0.72\ln(S_a) \qquad (4-6)$$

相关系数 $r = 0.94$，可见该绝缘子耦联体系中谱加速度 S_a 与最大弯矩响应 M 之间的相关性明显，建立的需求模型准确可信。分别以 $0.4M_{cr}$ 和 M_{cr} 作为绝缘子发生损伤和倒塌对应的承载能力限值，得到绝缘子耦联体系的易损性曲线，如图 4-8（b）所示，表达了结构在不同强度地震下发生重度、中度和轻度损伤的超越概率。

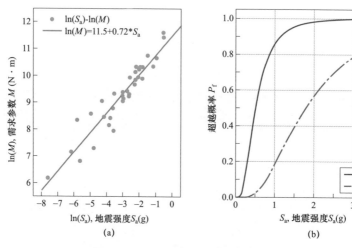

图 4-8　概率地震需求模型和易损性曲线

（a）线性回归分析；（b）易损性曲线

由于该绝缘子—管母耦联体系在几何上具有不对称性，不同地震动输入角度下结构的地震响应将有一定差异。现将所选择的离散地震动分别按 0°、45°、90°

134

和 135° 方向输入到结构中进行时程分析，并求解结构的易损性曲线。图 4-9 为不同角度地震动输入下，绝缘子耦联体系发生损伤的易损性曲线。

假设该绝缘子耦联体系位于九度区，二类场地，周期 $T_1=1.5s$ 对应的加速度反应谱值如下：多遇地震 $S_a(T_1)=0.28g$，设防地震 $S_a(T_1)=0.44g$，罕遇地震 $S_a(T_1)=0.57g$。根据图 4-9 可得到不同输入方向下该绝缘子耦联体系的失效概率，列于表 4-11 中。该绝缘子耦联体系在 90°（Y 向）输入下易损性最大，发生倒塌的超越概率为 16.2%；在 0°（X 向）输入下易损性最小，发生倒塌的超越概率为 3.7%；45° 和 135° 方向输入下的易损性较为接近且处于中间水平。

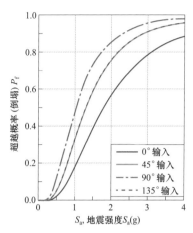

图 4-9 不同地震动输入角度下的易损性曲线

表 4-11 不同等级地震下绝缘子耦联体系的失效概率

等级	失效概率（%）			
	0°	45°	90°	135°
多遇地震	0.22	0.56	1.57	0.56
设防地震	1.39	3.32	7.56	3.32
罕遇地震	3.66	8.20	16.17	8.21

以上计算通过求解绝缘子耦联体系在不同等级地震下的易损性水平，实现了从概率角度对绝缘子耦联体系抗震性能的评价，该方法充分考虑了地震动的随机特性。概率地震易损性分析建立在结构对离散地震动响应值的统计分析上，避免了一般抗震性能分析方法中选择实际地震波或生成人工地震波过程中可能存在的误差。在判断设备是否达到抗震性能目标要求时，以损伤超越概率为指标的评价结果显得直观方便。使用该方法对不同分项内的主要电力设施进行评估，可成为变电站的整体抗震可靠度评价的基础。

4.3 地震响应在线监测

在调研变电站（换流站）地震监测技术需求和地震监测装置在站内安装使用环境的基础上，可确定地震监测子站装置主要的功能和参数目标。

地震响应监测传感器需要主传感器 1 个和后备传感器 1 个，共有 6 个采样通道，传感器灵敏度需达到±0.001g。振动数据采样频率覆盖 1～400Hz，其中典型值为 200Hz，采样分辨率达到±0.1mV，频率响应为 DC～80Hz @ 200 sps。地震事件触发方式为阈值触发，各通道独立，且可选票决机制判断触发，触发阈值可调，典型值 0.02g。监测装置的操作采用 Linux 系统，通信方式选择有线/无线，监测站点注册消息、地震报文与特征值传输和实时振动值传输采用 MQTT 协议，地震事件文件传输采用 FTP 协议。地震响应监测装置优先采用 NTP 协议对时，对时偏差 0.05s 以内。地震响应监测装置采用 TF 卡存储，容量 16G 且可扩展，装置 RAM 达 4G。监测装置采用 18650 电池，规格为 3.2V 磷酸铁锂电池，带保护电路，电池容量 4×1800mA·H，充电电流为 1A，供电电压 12～24V，装置最大功率约 30W。防护等级要求达 IP66 等级，可室外安装。

4.3.1 硬件设计

设计设备外形如图 4－10 所示，机芯尺寸为 15cm（长）×10cm（宽）×10cm（高），通过 4×M8 螺栓固定，需要调平。引出电缆包括电源线、信号天线和通信网线，电源线为交流 220 V（需适配器）或直流 12V，信号天线就近布置或引接至露天位置，通信网线为 RJ45 接口。

仪器的面板包含看门设置开关、采样指示灯、电源接口和以太网接口。采样指示灯每秒闪烁一次，看门设置开关可以选择是否启用电源看门功能。仪器顶盖上有水平调平气泡和天线。两根天线用于无线通信，无线为主天线和一个辅助天线以增强接收性能。

采集系统包含供电模块、采集模块、Jetson Nano 主板和通信模块。供电模块实现

图 4－10 地震监测仪外形

电源电压转换和后备电源功能，信号采集模块的电源由 USB 端口提供，传感器电源由信号采集模块提供，Jetson Nano 主板供电由供电模块提供。仪器供电模块可以实现电压转换功能，把 12V 到 24V 的电压转为 5V 电压，将其作为系统的标准输入电压。同时，该模块带四节磷酸铁锂电池，当外部电源失效时，可以用电池继续供电。采集模块可以实现六路传感器信号采集并通过 USB 端口上传给 Jetson Nano 主板，Jetson Nano 主板实现数据的上传、处理、保存和校准等。通信模块相当于 Jetson Nano 主板的一个网络端口，当主板上有线网口断

开时，启动通信模块提供的网络端口，两个通信接口不同时开启，有线以太网端口优先。JetsonNano 主板与采集板之间通过 IO 口进行启停控制，通过 USB 接口接收和发送数据包，在 Linux 系统下所有通信端口都被映射为一个文件，通过对该映射文件进行操作来完成与采集板之间的通信。采集系统结构框图如图 4－11 所示。

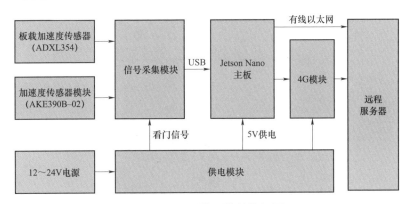

图 4－11　采集系统结构框图

采集系统实物模型包含 4 个电路板，分别为采集板、电源板、Jetson Nano 主板和 4G 通信板，采用堆叠的安装方式。顶部加散热器和导热硅胶，把热量传导到仪器外壳。实物模型如图 4－12 所示。

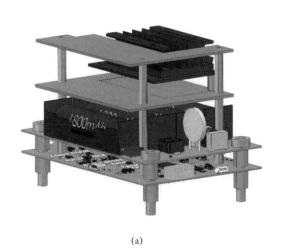

(a)

图 4－12　监测装置机芯（一）

（a）仪器结构

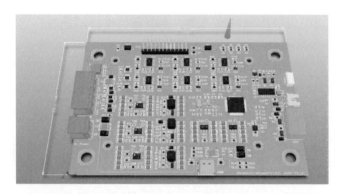

(b)

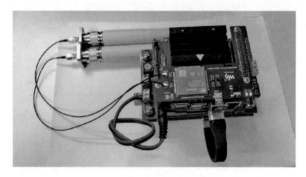

(c)

图 4-12 监测装置机芯（二）

（b）加速度传感器采集板；（c）样机

供电模块中看门设置定时器在没有看门信号时，300s 左右发送一次开关信号。开关信号可以控制 5V 输出，定时器从 0 开始计时，开关信号在 300s 后使能。如果在开关信号作用前收到看门信号，计数器将清 0 并开始重新计时，每收到一次看门信号，机箱的指示灯会闪烁一次。模块内部框图如图 4-13 所示，输入电压 12~24V，输出 5V/3A，充电电流 1A，电池容量大于 20W·H，电池类型为磷酸铁锂电池。

供电模块电路主要由充电开关电源、输出开关电源、定时重启时钟组成。其中 U1 及外围电流组成充电电源，实现充电电压限制。R11、R13、R2、Q1、D11、R5、C11 和 R4 组成限流电路，当电流过大时，电阻的压降变大，三极管导通，导通的三极管可以降低充电电压，从而达到减少充电电流的目的。U3、U4 及外围电阻组成充电均衡电路，实现电池电压均衡。电池组采用两并两串结构，充电限制电压在 7.2V。U5 为可复位定时器，当定时器开启时通过三极管 Q3 输出低电平信号，关闭电源模块。IC2、C1、R23 组成单稳态复位电路，当有触发信号

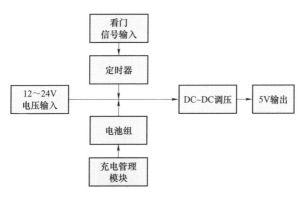

图 4-13 供电模块框图

时定时器复位，电源关闭周期延迟。当触发信号消失，不管触发信号最后状态是高电平还是低电平，单稳态复位电路都将处于低电平状态，定时器不能复位，到达定时时间后电源会被关闭。接头 Header4 可以接入一个开关和一个指示灯，用于控制电源定时器和指示是否有定时器复位信号。模块设计完善了 EMC 保护电路，有效避免了外部干扰对系统的影响。电路图如图 4-14 所示。

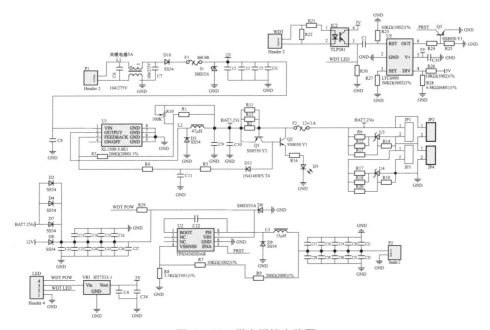

图 4-14 供电模块电路图

信号采集模块可以实现振动信号的采集，一共采集六路信号，其中三路来自焊接在采样板上的传感器 ADXL354 芯片，另外三路来自传感器 AKE390B，该传感器为一个独立模块，模块的输出接到采集板的输入端子上。六路传感器信号经过信号调理电路输入到 STM32 单片机片内 ADC，进行 AD 转换，信号经过处理后，通过串口转 USB 芯片发送给 Jetson Nano 主板。信号采集模块框图如图 4－15 所示。

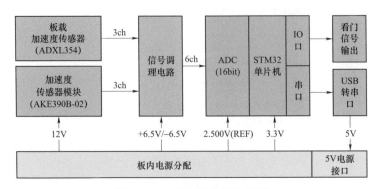

图 4－15　信号采集模块框图

采集板中 STM32 单片机自带独立看门器，Jetson Nano 主板也编写了监控线程，当出现异常时可各自触发系统内的复位信号。仪器电源看门器工作过程如下。首先，Jetson Nano 主板检测到系统运行正常时，通过 USB 端口发送看门指令给信号采集模块。信号采集模块收到看门指令后，发送看门信号到输出端口。看门信号输出端口与供电模块的看门信号输入端口相连。当供电模块收到看门信号时，会清理供电模块内的看门定时器，相当于延迟触发关电的时间。电源看门器可通过仪器面板关闭以方便调试。

信号采集模块包含电源、信号调理、采样处理和信号上传四个部分。其中电源部分采用开关电源与线性稳压器相互配合的方法，实现静噪电源输出，确保信号调理电路受到的干扰更小，信号稳定性更好。基准源 U5 采用 LTC6655CHMS8－3.00，该芯片精准度高、温漂小，有效提高了采样的准确性。信号采集模块采用 USB 转串口芯片，减少了软件复杂度。信号采集模块可以通过 USB 口升级程序，方便软件的开发和升级。电源部分的电路图如图 4－16 所示。

监测装置使用的传感器包括震动传感器 AKE390B－02 和 ADXL354。传感器 AKE390B－02 具有高精度、高稳定性、低温漂、低功耗和宽电压范围的特点。传感器 AKE390B－02 接口接入采集模块的 P1 接口，P1 接口包含了传感器的电源线。接口内设计了自恢复保险丝和防静电管以提高系统的可靠性。传感器 ADXL354 是一款高精度加速度传感器芯片，特殊的封装技术具备出色的长期稳定性。该传感器噪声超低（20μg/√Hz），温漂性能 0.15mg/℃（最大值）。该传感器的功耗低，在电路设计上采用基准源直接驱动的方式，实现了最低的电源噪声输入，在测试中起到了良好的效果。传感器接口图如图 4－17 所示。

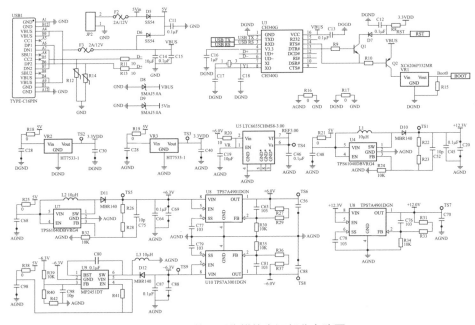

图 4－16　信号采集模块电源部分电路图

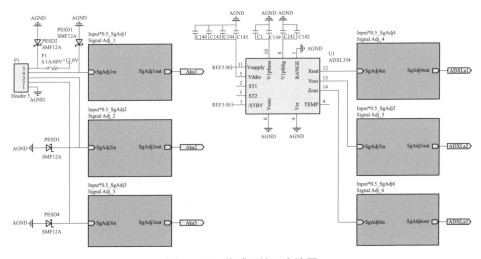

图 4－17　传感器接口电路图

信号调理电路分别处理六路加速度信号，其中 OPA2188 的输入端组成了输入滤波电路，电阻 R47 具有输入保护作用，R48、R50 衰减输入信号用来匹配 ADC 的采样范围，电容 C108 起滤波作用，二极管 D14 用于防止负极性信号进入 ADC，U12B 运放用于输出缓冲，R49 可防止运放输出信号发生容性抖动。电容 C107 作为 ADC 的缓冲电容可提高采样准确度。信号调理电路图如图 4-18 所示。

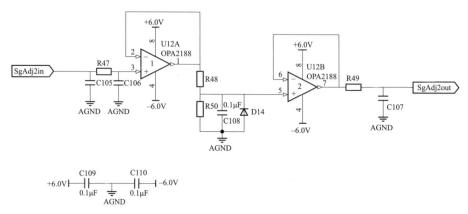

图 4-18　信号调理部分电路图

信号 ADC 采集电路使用了 STM32 单片机，具有专门的浮点运算器，可以实现单时钟周期浮点数乘法和 14 个时钟周期浮点数除法，采样使用单片机内部 16bitADC 可简化电路设计，加快数据传输。电路中设计了光隔离的 RST_IN 接口，该接口被 Jetson Nano 主板控制，在 Linux 系统启动后主板复位采集板，实现系统的同步协调。采集电路还包含看门信号发送端口，用来发送看门信号到供电模块。系统正常工作时，看门信号每隔一段时间发送一次，供电模块收到看门信号后系统不会发生掉电。看门信号来源于 Jetson Nano 主板。主板通过 USB 端口发送看门信号给采集板，采集板再次转发到电源模块，系统不正常时看门信号不能到达电源模块的定时器，系统将进行断电重启。ADC 采集部分电路图如图 4-19 所示。

地震监测数据处理模块采用的 Jetson Nano 板，可以轻松处理现行采样率的实时振动采样数据和应付未来更高运算要求的功能设计。Jetson Nano 的存储设备有两种，分别是 TF 卡和 eMMC 内嵌式存储设备。Jetson Nano 板上集成了 Sim76004G 通信模块，保证设备的无线通信。

4.3.2　软件设计

变电站地震响应监测装置的主要功能为完成变电站实时振动信号的采集、判断地震是否发生并进行存储。从振动信号中提取一般特征数据，若发生地震则提取地震触发特征数据并通过网络通信传输数据到上位机。

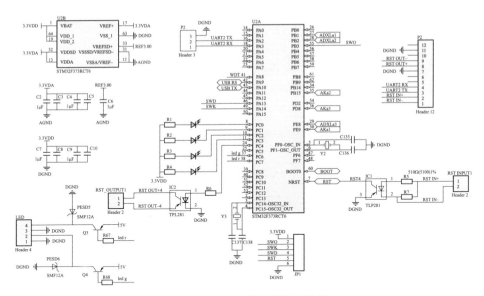

图 4-19 ADC 采集部分电路图

采集设备与服务器建立连接后，向服务器发送站点信息直到服务器响应，采集设备每 1s 向服务器发送一次一般特征数据。当由服务器控制的实时传输状态标识符为有效时，采集设备向服务器发送实时数据，当实时传输状态标识符为无效时，采集设备停止向服务器发送实时数据。地震触发期间，采集设备以最小 2s 的时间间隔向服务器发送触发特征数据，监测到地震触发，采集并保存前 15s 的数据以及地震触发期间的实时数据。同时监测实时数据，若超过 15s 未到达阈值则判定为一次地震事件结束。地震事件结束时，若由服务器控制的 FTP 传输状态标识符为有效，则采集设备向服务器 FTP 传输地震触发实时数据文件。监测程序的主流程包括数据通信、数据处理和故障处理。系统的主流程如图 4-20 所示。

程序的可执行文件位于 Earthquake_monitor 文件夹下的 bin 目录中的 vibration，该程序开机自动启动并对其进行监控。开机之后，对网络进行初始化设置，默认有线网络优先，有线网不可用则使用 4G 模块通信。系统检测与采集板通信的 USB 串口和 4G 模块是否正常工作。程序启动，进行参数初始化、模块初始化和串口初始化设置，然后读取配置参数，向服务器发送注册数据包（代表设备上线），并采集 1s 内 6 通道信号计算初始偏置。

系统开始正常运行后，从采集板接收 6 路信号处理实时数据。程序采用模块化设计，当有事件需要处理时，开启线程调用相应封装模块，各个线程之间的时序逻辑正确且互不干扰，封装的模块根据其功能大致分为三类，数据处理、数据通信、故障处理。数据处理类模块的主要功能是对数据进行运算和存储，数据通信类模块主要负责与服务器的通信，故障处理类模块负责配合系统资源的监控，保证程序出现故障时能得到有效处理。

程序初始化模块负责参数、设备、模块的初始化，它会向采集板发送一个 reset 信号，使采集板重启，然后监测并打开与采集板通信的 USB 串口，开启与服务器之间的 MQTT 连接。

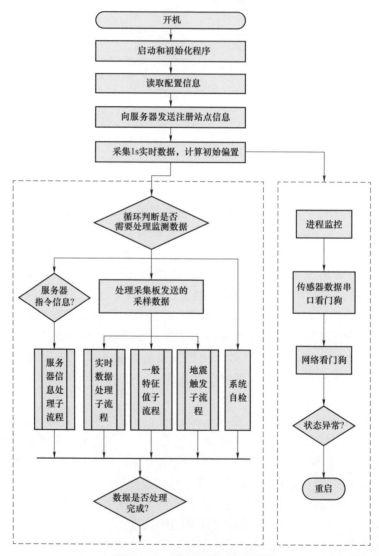

图 4-20 监测系统主流程图

读取配置信息模块，配置信息分为两种，一种是对用户开放的配置信息，位于 Earthquake_monitor 文件夹的 data 目录下的 config.json，这些配置信息可随时修改，设备重启后生效；一种是只对开发者开放的配置信息，位于 Earthquake_monitor 文件夹的 include 目录下的 config.h，修改后需重新编译程序。对用户开放的配置信息如图 4－21 所示。配置信息说明如下。

Station_id：站点 ID，设备唯一标识；

Longitude：地震监测子站的经度；

Latitude：地震监测子站的纬度；

Acceleration：加速度计量程；

Mode：通道模式，0 表示 3 通道模式，1 表示 6 通道模式，2 表示 9 通道模式；

Version：版本号，暂时未用到，后续可配置；

Position_num：台站地震计编号，与实时数据传输格式对接；

Station_num：台网代码，与实时数据传输格式对接。

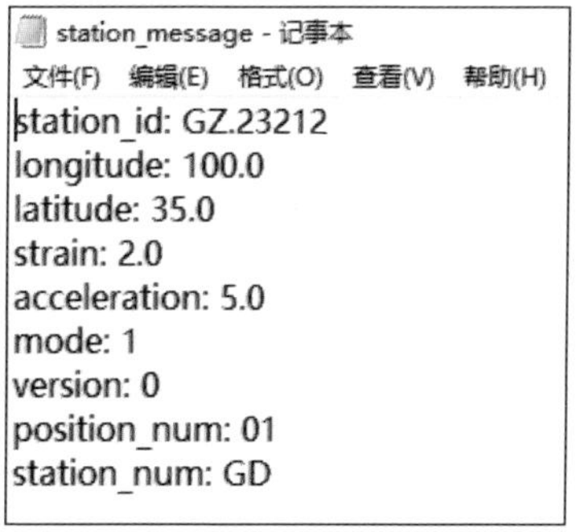
station_message - 记事本
文件(F) 编辑(E) 格式(O) 查看(V) 帮助(H)

```
station_id: GZ.23212
longitude: 100.0
latitude: 35.0
strain: 2.0
acceleration: 5.0
mode: 1
version: 0
position_num: 01
station_num: GD
```

图 4－21 用户配置信息

对实时数据的处理，采集板以 200Hz 频率发送数据，Jetson Nano 每收到一次数据包进行一次处理，包括判断数据是否符合格式、各通道信号是否超过阈值等，每收到 0.25s 的数据（可修改，但为了方便跟实时数据包的对接，选择 0.25s）进行一次存储，并判断是否处于地震事件中，若处于则将这 0.25s 数据保存到 FTP 文件，FTP 文件位于 Earthquake_monitor 文件夹的 data 目录下，文件名以 Brust 开头。同时，根据实时数据传输状态量判定是否进行实时传输，若状态量为 1 则向服务器发送实时数据包。

对一般特征值的处理每 1s 进行一次。处理时，取出这 1s 内的 6 通道数据，并取出前面几个 1s 时间窗内计算出来的特征值并保存。特征值包括 1s 内的最值、5s 内的最值、30s 内的最值、3s 和 60s 内的绝对均值，长短平均值比值，各通道传感器状态量等。一般特征值计算出来后，向服务器发送一般特征值数据包。

地震触发的处理流程如图 4－22 所示。对地震触发的处理：每收到一次采集板发送的数据，对这 6 通道数据进行一次阈值判断，若超过阈值则判定为该通道状态不正常。若有通道超过阈值且当前没有地震事件正在发生（地震事件状态量为 0），则记为一次新的地震，立即向服务器发送地震触发特征数据包，并且将在此之前 15s（可修改）的实时数据保存到 FTP 文件。若地震事件正在发生，则每 2s 进行一次判断，判断这 2s 内是否有通道超过阈值，若有则计算地震触发特征值并发送数据包（触发特征值的定义见后面的通信数据结构部分），重置地震结束倒计时。若这两秒内没有通道超过阈值，则进行地震事件倒计时（即只有在 2s 时间窗内有振动数据超过阈值才会向服务器发送触发特征数据包）。若地震事件倒计时结束，则视为一次地震事件结束，根据 FTP 文件的命名要求整理并修改 FTP 文件名，若 FTP 传输状态量为 1，则将 FTP 文件上传到 FTP 服务器。

数据传输分为 6 部分，注册站点通信、一般特征数据传输、实时数据传输、触发特征数据传输、服务器控制命令处理和 FTP 文件传输。数据通信格式的选择以及数据结构的定义见后面与上位机之间的通信接口设计章节。在收到服务器控制命令时，相应处理模块会对数据包格式进行判断（数据包的定义见后面的通信数据结构部分），服务器控制命令分为三类，实时控制指令、FTP 传输指令、重启指令。收到实时控制指令和 FTP 传输指令则分别修改相应的状态量，收到重启指令则保存当前状态并立刻重启。

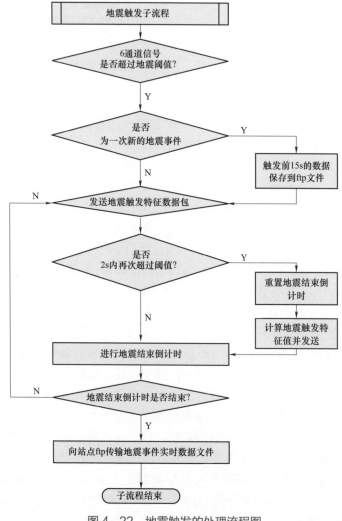

图 4-22 地震触发的处理流程图

故障处理模块主要包括进程监控、串口看门器、网络看门器、系统自检、日志记录和服务器控制重启。下面分别说明各模块的作用。进程监控是对整个JetsonNano 系统的运行状态进行监控，包括查看 CPU、内存、存储设备的运行状态是否正常，若不正常则采取相应级别的处理措施（终止程序，重启，或后续可扩展的向上位机报错的功能等）。串口看门器是集成在电源板上的硬件看门器，对串口是否正常通信进行监控。若串口 1min（可修改）内没有发送实时数据包则系统重启，重新设定串口状态。网络看门器是 Ubuntu 系统自带的软件看门器，对与服务器之间的正常通信进行监控。正常情况下，若有线网络断开，系统会切换到 4G 无线通信，数据包成功发送到服务器，则向网络看门器发送看门信号。特殊情况下，若有线网和 4G 通信均断开，或者连接不到服务器，导致数据包超过 5min（可修改）没有成功发送到服务器，则系统重启。系统自检每 30s 进行一次，是对程序运行状态的检查。系统自检会删除无用的数据，如 5min（可修改）之前的实时数据和一般特征数据，以及释放程序占用的无效内存。日志记录会利用系统资源记录进程运行状态，并定期把系统和程序的部分运行状态值记录到文件，在问题回溯时可查看记录寻找问题，定期记录的文件可以在 Earthquake_monitor 文件夹的 data 目录下找到。收到服务器发送的重启命令后，将会保存当前部分有用信息并立即重启。

Jetson Nano 与服务器的通信通过网络实现，通常情况下使用有线网口收发数据，有线网络断开，则使用 Sim76004G 通信模块与服务器进行无线通信。Sim7600模块集成在 JetsonNano 上方，需要插入 SIM 卡才能进行无线通信，Sim7600 与JetsonNano 之间的使能信号和数据通信都通过 USB 转接模块进行。与 Sim7600之间的通信映射在 Linux 系统上就是一个高通的虚拟串口文件，打开虚拟串口文件设置 AT 指令可以把 Sim7600 设置成 4G 通信模式。

网络传输常用协议包括 TCP/IP 协议、UDP 协议、HTTP 协议以及 MQTT 等多种协议。由于 MQTT 协议体积小，功耗低，数据包最小，稳定性高，在各种恶劣环境下都能有效传输，本设备采用 MQTT 协议与服务器通信。MQTT 协议具有开放消息协议、简单易实现的特点，使用发布订阅的模式，一对多消息发布。它基于 TCP/IP 网络连接，提供有序、无损、双向连接。它的负载只有 1 字节固定报头，2 字节心跳报文，最小化传输开销和协议交换，可以有效减少网络流量，独特的 topic 主题认证，保证了数据包的传输正确性。处理模块的程序基于 C 语言开发，故使用 Mosquitto 的 C 语言库进行 MQTT 网络通信开发。Mosquitto 是一款实现了消息推送协议 MQTT v3.1 的开源消息代理软件，提供轻量级的、支持可发布/可订阅的消息推送模式，特别适合用于嵌入式开发。开发过程中对Mosquitto 库函数进行了再封装，使 MQTT 通信模块更适合本项目的使用场景。本项目使用 MQTT 协议传输的信息包括注册站点信息、一般特征数据信息、实时数据信息、触发事件信息、下行控制信息（即服务器向采集端发送的控制信息）。各个信息的数据格式分别如下。

（1）注册与响应报文。采集站与服务器建立连接后，采集站向服务器发送一次站点信息。

TOPIC 主题：vibrate/台站 ID/register/data，数据结构定义如表 4－12 所示。

表 4－12　　　　　　　　数 据 结 构 定 义 表

序号	名称	类型	大小	内容及说明
1	类型标识	char	2B	字符串内容为 re
2	数据包长度	int	4B	包含类型标志在内的，整个数据包的长度
3	台站 ID	char	8B	格式为："台网代码．台站代码"，编码规则见地震行业的《地震数据通道编码》标准
4	经度	SGL	4B	经度
5	纬度	SGL	4B	纬度
6	应变阈值	SGL	4B	应变阈值
7	加速度阈值	SGL	4B	加速度阈值
8	模式	Byte	1B	0 表示 3 振动模式；1 表示 6 振动模式；2 表示 9 振动模式
9	版本	Byte	1B	高 4 位主版本号，低 4 位次要版本号

当采集站向服务器发送注册包以后，服务器将在管理系统中验证注册信息，验证完成后，将结果以数据包的形式返回给采集站。

TOPIC 主题：vibrate/台站 ID/register/control，返回数据包的数据结构定义如表 4－13 所示。

表 4－13　　　　　　返回数据包的数据结构定义表

序号	名称	类型	大小	内容及说明
1	类型标识	char	2B	字符串内容为 rr
2	长度	int	4B	包含类型标志在内的，整个数据包的长度
3	台站 ID	char	8B	格式为："台网代码．台站代码"，编码规则见地震行业的《地震数据通道编码》标准
4	认证状态	short	2B	0 认证成功；－1 认证失败

（2）一般特征数据。采集站每 1s 向服务器主动发送一次一般特征数据。TOPIC 主题：vibrate/台站 ID/feature/data，数据结构定义如表 4-14 所示。

表 4-14 一般特征数据结构定义表

序号	名称	类型	大小	内容及说明
1	类型标识	char	2B	字符串内容为 fd
2	数据包长度	int	4B	包含类型标志在内的，整个数据包的长度
3	台站 ID	char	8B	格式为："台网代码. 台站代码"，编码规则见地震行业的《地震数据通道编码》标准
4	时间戳	Double	8B	/
5	通道标识符	Byte	1B	0 表示 3 振动 1 表示 6 振动 2 表示 9 振动
6	数据块		nB	根据通道标识符，数据块个数有差异

数据块格式定义如表 4-15 所示。

表 4-15 数 据 块 格 式 定 义 表

序号	名称	类型	大小	内容及说明
1	数据块编号	byte	1B	当前数据块编号
2	下一个数据块编号	byte	1B	指示下一个数据块编号，若为 0，表示后续无数据块
3	字序	Byte	1B	0 大端 1 小端
4	数据块长度	int	4B	包含编号在内的，整个数据块的长度
5	通道 ID	char	1B	通道编号
6	1s 最大值	SGL	4B	1s 数据窗内的最大值
7	1s 最小值	SGL	4B	1s 数据窗内的最小值
8	5s 最大值	SGL	4B	5s 数据窗内的最大值
9	5s 最小值	SGL	4B	5s 数据窗内的最小值
10	30s 最大值	SGL	4B	30s 数据窗内的最大值
11	30s 最小值	SGL	4B	30s 数据窗内的最小值
12	3s 绝对均值	SGL	4B	3s 数据窗口内的绝对均值
13	60s 绝对均值	SGL	4B	60s 数据窗口内的绝对均值

序号	名称	类型	大小	内容及说明
14	长短平均值的比值	SGL	4B	3s 和 60s 数据窗内的长短平均值的比值
15	传感器状态判断量	SGL	4B	（时间周期）数据窗内的传感器状态判断量

（3）实时数据。当服务器向采集站发送请求实时数据传输后，采集站向服务器传输实时数据。TOPIC 主题：vibrate/台站 ID/ontime/data，实时数据格式如表 4−16 所示。

表 4−16　　　　　　　　　实 时 数 据 格 式 表

序号	名称	类型	大小	内容及说明
1	类型标识	char	2B	字符串内容为 wc
2	包长度指示	int	4B	包含类型标志在内的，整个数据包的长度
3	包序号	int	4B	连续数据传输中的包序号
4	台站 ID	char	8B	格式为："台网代码. 台站代码"，编码规则见地震行业的《地震数据通道编码》标准
5	位置标识符	char	2B	台站的地震计编号
6	通道标识符	char	1B	0 表示 3 振动 1 表示 6 振动 2 表示 9 振动
7	台网编号	char	2B	台网代码，例如 GD 表示广东
8	记录起始时间	Double	8B	/
9	样本数目	short	2B	每通道每个数据包中采样点个数
10	采样率	short	2B	数据采样率 1024
11	数据块	/	nB	实时数据块

数据块格式定义如表 4−17 所示。

表 4−17　　　　　　　　　数 据 块 格 式 定 义 表

序号	名称	类型	大小	内容及说明
1	编号	char	1B	当前数据块编号
2	下一个块编号	int	1B	指示下一个数据块编号，若为 0，表示后续无数据块
3	字序	Byte	1B	0 大端 1 小端
4	数据块长度	int	4B	包含编号在内的，整个数据块的长度

续表

序号	名称	类型	大小	内容及说明
5	通道 ID	char	1B	通道编号
6	状态	char	1B	表征该通道数据是否超过设定阈值
7	值 0	SGL	4B	数据块中第 0 个数据
...	...	...	...	...
n	值 49	SGL	4B	数据块中第 49 个数据

（4）触发事件。在地震时间触发期间，以 2s 时间间隔向服务器发送触发特征数据包。TOPIC 主题：vibrate/台站 ID/event/data，触发数据包结构如表 4−18 所示。

表 4−18 触 发 数 据 包 结 构 表

序号	名称	类型	大小	内容及说明
1	类型标识	char	2B	字符串内容为 ti
2	长度	int	4B	包含类型标志在内的，整个数据包的长度
3	台站 ID	char	8B	格式为："台网代码. 台站代码"，编码规则见地震行业的《地震数据通道编码》标准
4	时间戳	Double	8B	/
5	触发号	int	4B	采集站点从运行开始，累计触发的次数
6	触发开始时间戳	Double	8B	/
7	烈度	char	1B	地震烈度
8	幅度	SGL	4B	从触发开始，到目前时间内统计到的最大振幅

（5）下行控制数据包。用户在网页客户端操作，服务器会根据用户操作向采集端发送相应数据包。TOPIC 主题：vibrate/台站 ID/ontime/control，数据包格式如表 4−19 所示。

表 4−19 下行控制数据包格式表

序号	名称	类型	大小	内容及说明
1	类型标识	char	2B	字符串内容为 cc
2	长度	int	4B	包含类型标志在内的，整个数据包的长度
3	台站 ID	char	8B	格式为："台网代码. 台站代码"，编码规则见地震行业的《地震数据通道编码》标准

续表

序号	名称	类型	大小	内容及说明
4	子控制命令	short	2B	1 实时控制，2FTP 传输，3 重启
5	状态控制字	char	1B	子控制命令为 1 实时控制和 2FTP 传输时有效。 0 停止传输； 1 启动传输

在现有接口结构的基础上，在项目开发过程中还预留有一部分接口用于后续功能扩展。系统预留了 3 通道振动模式、9 通道振动模式以及更高采样率的功能接口，所有模块都基于多种振动模式、多种采样率的编程思路开发，振动模式和采样率可在配置文件中进行修改。系统还预留了增加新通信功能新通信数据格式的调用接口、调用 JetsonNano 的 GPU 进行编程开发的接口，使得未来进行更高数量级的分辨率、采样率的实时数据处理时，系统的浮点运算能力得以保证。

4.3.3　功能测试

在人工触发振动测试中，将监测装置记录的地震事件波形与标定的加速度采集仪记录的地震波形对比，由此测试监测程序在数据记录与存储上的准确性。图 4 – 23 为输出振动的时程曲线，图 4 – 24 为监测仪记录的地震事件波形，测试结论见表 4 – 20，显示程序记录值与输出值无偏差（小于 1%），系统触发情况正常。

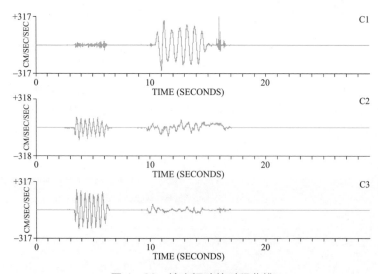

图 4 – 23　输出振动的时程曲线

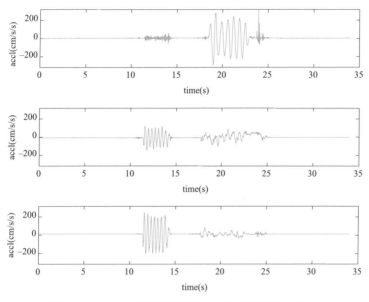

图 4－24　变电站地震监测程序记录的地震事件波形

表 4－20　　　　　　　　　　人工触发振动测试结论

项目	触发	幅值	波形
测试结论	正常	正常（输入 3.17m/s2，记录 3.17m/s2）	正常，无畸变

地震模拟振动台测试可再现历史地震的振动情况，通过比较地震监测装置记录的地震波形与振动台面输出波形的关系，测试监测装置的综合性能。测试时将变电站地震监测仪器固定于台面，需要注意的是，此时台面振动输出的量测部位和传感器的固定部位有一定差异，因此本测试主要为比较监测程序在波形和频谱上的再现程度，台面输出电气设备抗震试验标准时程地震波见图 4－25，监测系统记录的时程曲线见图 4－26 和图 4－27。

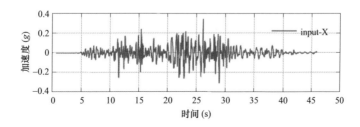

图 4－25　地震台面输出振动（一）

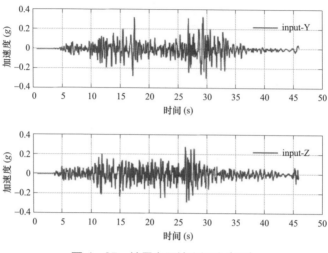

图 4-25 地震台面输出振动（二）

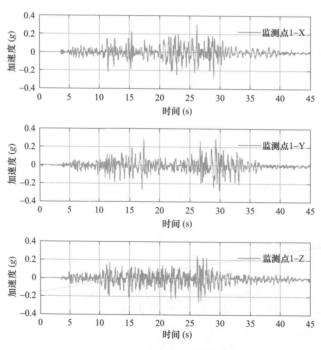

图 4-26 监测点 1 记录振动

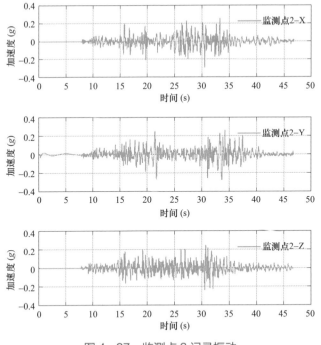

图 4-27　监测点 2 记录振动

对上述时程曲线进行加速度反应谱分析，设置相同的阻尼参数，得到加速度反应谱比较曲线见图 4-28，由图可见监测点的地震记录波形的反应谱可以再现台面输出加速度反应谱。

4.3.4　安装方式

变电站地震监测子站的安装示意见图 4-29，装置的工程应用见图 4-30。地震监测装置需要安装于专用的仪器墩上，仪器墩的位置应远离变压器等有运行振动的设备距离 30 米以上，仪器墩周边 2 米内无建构筑物以防止地震波反射干扰（如电缆沟，围墙）。仪器墩正南北向设置，即水泥墩的长边方向。

为满足地震监测装置调平要求，以下预制墩精度要求供参考：加工误差小于 1mm；平整度±0.5mm；预埋件的锚筋和安装螺栓需可靠焊接，焊接位置均在底面；预埋件顶面平整度±0.2mm，安装水平度 1/1000mm。仪器墩底部设置插筋，加强墩台与地表场地的锚接。插筋均为 1000mm 长，20mm 直径的带肋钢筋，HPB330 或 HRB335 均可。两组插筋之间的间距约 200mm，插筋错开布置即可，无须焊接固定，按施工要求布置构造钢筋。

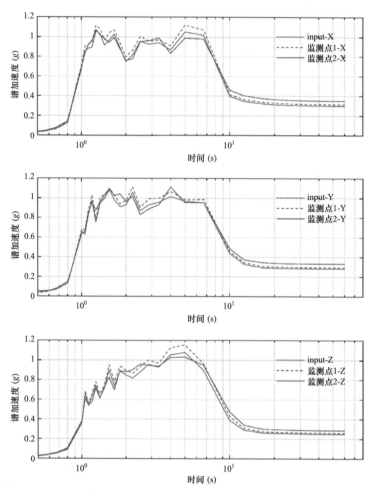

图 4-28　台面输出加速度反应谱和监测点记录加速度反应谱比较

水泥墩采用 C30 混凝土，750mm 长，450mm 宽，700mm 高。地面下为 400mm，地面上为 300mm。按施工要求布置构造筋，用于插筋和预埋件在墩内的定位。拆模后，混凝土墩四周用碎石或沙子填密实。布置下穿线缆管，直径 40～60mm，并引接线缆，线管和线缆基本信息详见表 4-21。

表 4-21　　　　　　　　　线 管 和 线 缆 信 息 表

编号	名称	始端	末端	备注
1	220V UPS 电源	地震监测箱	UPS 室	线缆型号按站内要求，功率约 200W，引出预制墩 1.5m
2	铠装光缆	地震监测箱	地震监测信号接入的交换机	线缆型号按站内要求，距离交换机近时，可使用网线。引出预制墩 1.5m

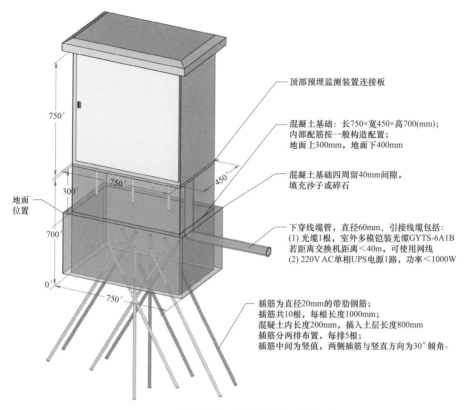

顶部预埋监测装置连接板

混凝土基础：长750×宽450×高700(mm)；
内部配筋按一般构造配置；
地面上300mm，地面下400mm

混凝土基础四周留40mm间隙，
填充沙子或碎石

下穿线缆管，直径60mm，引接线缆包括：
(1) 光缆1根，室外多模铠装光缆GYTS-6A1B
若距离交换机距离<40m，可使用网线
(2) 220V AC单相UPS电源1路，功率<1000W

插筋为直径20mm的带肋钢筋；
插筋共10根，每根长度1000mm；
混凝土内长度200mm，插入土层长度800mm
插筋分两排布置，每排5根；
插筋中间为竖值，两侧插筋与竖直方向为30°倾角。

图4-29 变电站地震监测子站的安装示意图

图4-30 地震响应在线监测装置的工程应用

4.4 震损快速评估系统

变电站（换流站）震损快速评估系统的开发包含地震监测和震损评估两个方面。

4.4.1　地震监测程序

地震监测数据来源于地震监测子站、国家地震台网数据和人工数据录入。其中地震台网数据为接入国家地震监测中心的公开速报数据，人工数据主要为一些补充录入的地震数据，用于地震监测装置未覆盖的区域。

地震监测程序进行数据收集，要通过监听 MQTT 服务器的消息，订阅各个站点发布的消息然后进行分析和存储，供监测程序展示和下载。监测程序是通过采集程序获取各个站点地震监测数据，向用户展示浏览界面，提供监测站点管理、实时振动波形查看和数据下载等功能。地震监测程序采用 B/S 结构，数据库采用 MySQL。站点监测系统示意图以及工作流程见图 4-31 和图 4-32。

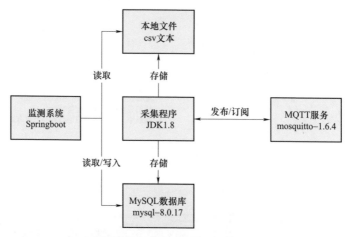

图 4-31　站点监测系统示意图

地震监测程序向震损评估程序推送地震事件数据，采用 HTTP 接口进行传输，发送参数见表 4-22，返回参数说明见表 4-23。

表 4-22　　　　　　　　　　事 件 报 文 参 数 表

参数名	必选	类型	说明
siteId	是	string	站点 id
eventSerial	是	number	事件编号
longitude	是	number	采集站经度
latitude	是	number	采集站纬度
intensity	是	number	事件烈度/震级
rangeMax	是	number	事件峰值加速度（单位：g）
eventTime	是	string	事件发生时间

表 4 - 23　　　　　　　　　　　　事件报文返回参数表

参数名	类型	说明
msg	string	回执信息
success	boolean	接口执行状态
result	string	接口返回数据

已在监测系统中维护的站点，正常启动以后，循环向采集程序发送特征值数据。发送特征值数据流程见图 4 - 33。

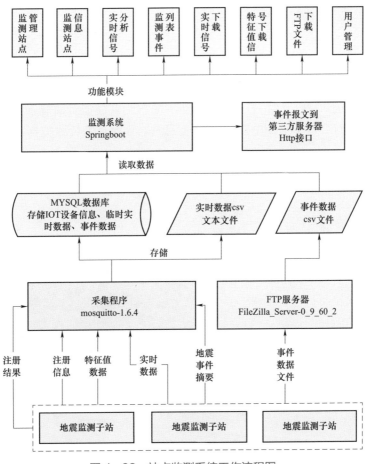

图 4 - 32　站点监测系统工作流程图

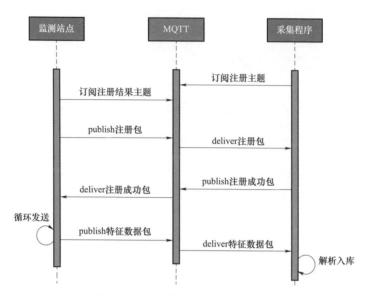

图 4-33 发送特征值数据流程图

安装部署成功后，浏览器即可打开主页面，如图 4-34 所示。系统左侧为操作菜单，点击响应菜单即可打开对应页面。右侧为各功能页面展示区域。登录后展示的页面为首页，显示地图加载站点信息及右侧站点特征值数据和实时数据波形区域。

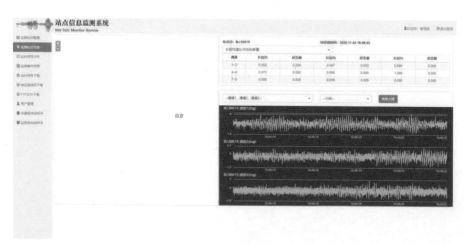

图 4-34 站点监测系统

监测站点管理上，初始化系统无站点数据，需按实际情况添加，点击页面中的添加站点按钮，跳转到新增站点信息界面。输入站点的相关信息后点击新增按钮，提示保存站点成功，如图 4-35 所示。

图 4-35　新增站点管理

点击站点管理跳转到站点列表界面，可以看到刚刚添加的站点信息。此时站点为离线状态，需要该站点监测设备启动并且连接到 MQTT 采集程序服务器，注册成功后推送实时数据变为在线状态，相关操作功能才能使用。点击站点对应的修改按钮，可以跳转到修改该站点信息界面，操作与新增站点信息相同。站点在线时，启动/停止实时按钮、启动/停止 FTP 按钮和重启按钮功能的操作均有确认窗口提示。监测站点管理如图 4-36 所示。图 4-37 为显示地震监测站点实时振动信号界面。地震事件文件下载页面见图 4-38。

图 4-36　监测站点管理

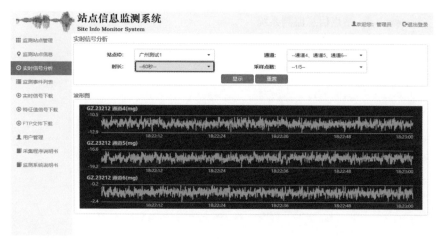

图 4-37　实时振动信号界面

地震监测装置触发后，将记录地震事件数据，并向监测程序发送事件报文。页面显示各站点监测到的地震事件，同时页面中可以下载事件数据波形文件。

序号	站点ID	文件类型	时间	最大值	最小值	操作
1	CD.00000	事件	2020-11-17 02:12:55	29.416	-10.330	下载 删除
2	CD.00000	事件	2020-11-17 02:12:48	23.234	-12.119	下载 删除
3	CD.00000	事件	2020-11-17 02:11:37	20.313	-10.108	下载 删除
4	CD.00000	事件	2020-11-17 02:10:45	32.122	-11.332	下载 删除
5	CD.00000	事件	2020-11-17 02:10:41	21.991	-10.480	下载 删除
6	CD.00000	事件	2020-11-17 02:10:08	29.716	-10.176	下载 删除
7	CD.00000	事件	2020-11-17 02:03:19	26.072	-9.494	下载 删除
8	CD.00000	事件	2020-11-17 02:02:59	21.591	-10.759	下载 删除
9	CD.00000	事件	2020-11-17 01:58:40	21.065	-9.168	下载 删除
10	CD.00000	事件	2020-11-17 01:57:22	22.380	-10.150	下载 删除
11	CD.00000	事件	2020-11-17 01:56:41	26.723	-10.057	下载 删除
12	CD.00000	事件	2020-11-17 01:56:09	20.834	-8.641	下载 删除
13	CD.00000	事件	2020-11-17 01:48:36	29.246	-3.123	下载 删除
14	CD.00000	事件	2020-11-16 22:05:37	26.006	-6.693	下载 删除
15	CD.00000	事件	2020-11-13 18:35:09	20.462	-14.600	下载 删除

图 4-38　地震事件文件下载页面

4.4.2　震损评估程序

根据收集的变电站（换流站）抗震评估资料，应用电力设施震损评估方法，可进行站内各分项的震损等级分析。通过震前规则化存储震损评估结果，在地震发生后提取地震事件参数，将评估结果与变电站地震监测数据结合，即可在震后快速实现震损等级评估。评估结果以变电站震损情况图层、列表和报告的方式输出，上述方法的流程见图4-39所示。

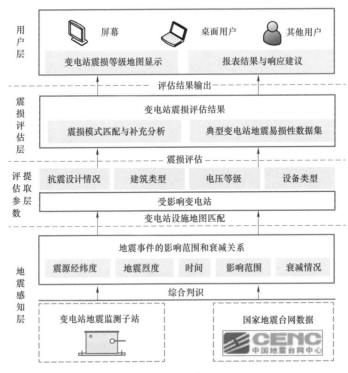

图4-39 变电站（换流站）震损快速评估系统

根据上述方法进行评估系统的开发，图4-40为系统的登录界面，登录后显示的是区域内变电站的分布情况，见图4-41。

图4-40 登录界面

图4-41 区域内变电站的分布

在未发生地震时，系统处于等待接收地震事件信息的状态，此时可以查阅以往地震事件及其评估结果，如图4-42所示。也可以通过人工模拟的方式，模拟地震事件及其影响范围，预判区域内电力设施可能的震损情况。

图4-42 地震事件记录

当系统接收到地震监测信息时，通过地震事件的衰减范围迅速与区域内电力设施的位置进行地图匹配，如图4-43所示。地图匹配后得到不同烈度区域内电力设施的列表，开始启动震损评估程序。

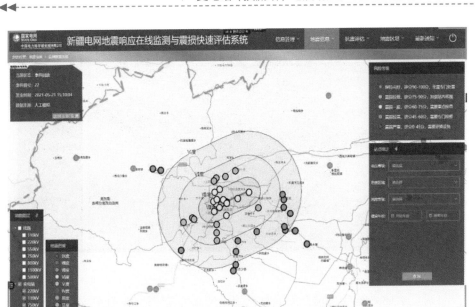

图 4-43　地震事件及受影响变电站的地图匹配

　　快速震损评估的结果用图中震损程度标签的方式表示，如图 4-44 所示，同时系统可得到站内各分项区域震损情况的结果分析，为针对性的震后应急处置提供支撑，如图 4-45 所示。

图 4-44　震损标签表示震损结果

图 4-45　震损等级评分界面

　　目前，上述系统成功地在新疆地区进行了示范应用，如图 4-46 所示，为地震多发地区变电站设施加强地震灾害风险管理提供监测数据和评估结果支撑。

图 4-46　震损快速评估系统的示范应用

参 考 文 献

［1］于永清，李光范，李鹏，等. 四川电网汶川地震电力设施受灾调研分析［J］. 电网技术，2008（11）：5−10.

［2］Y.Yu，G.Li，P.Li，Q.Zhu，D.Yuan，C.Wang，J.Li，H.Huang，L.Li，X.Zhang. Investigation on Transmission and Substation Facilities of Sichuan Power Grid in Wen chuan Earthquake. Electricity.20（2009），48−54.

［3］谢强，朱瑞元，屈文俊. 汶川地震中 500kV 大型变压器震害机制分析［J］. 电网技术，2011，35（03）：221−226.

［4］谢强，王亚非. 汶川地震中变电站开关设备破坏机理［J］. 沈阳建筑大学学报（自然科学版），2009，25（6）：1050−1057.

［5］朱瑞民，李东亮，齐立忠，等. 变电站地震灾害分析与抗震设计［J］. 电力建设，2013，34（4）：14−18.

［6］程永锋，朱全军，卢智成. 变电站电力设施抗震措施研究现状与发展趋势［J］. 电网技术，2008，32（22）：84−89.

［7］谢强. 电力系统的地震灾害研究现状与应急响应［J］. 电力建设，2008，29（8）：1−6.

［8］谢强，王亚非，魏思航. 软母线连接的变电站开关设备地震破坏原因分析［J］. 电力建设，2009，30（4）：10−14.

［9］罗奇峰. 日本兵库县南部地震中生命线系统的震害及其震后恢复［J］. 灾害学，1997（01）：43−48.

［10］T Okada. Seismic Design of Connecting Leads in Open-air Type Substations. Paris：1986.

［11］童林旭. 城市生命线系统的防灾减灾问题——日本阪神大地震生命线震害的启示［J］. 城市发展研究，2000（03）：8−12＋78.

［12］Tadokoro S，Takamori T，Osuka K，et al. Investigation report of the rescue problem at Hanshin-Awaji earthquake in Kobe. Takamastu：IEEE，2000.

［13］谢强，李杰. 电力系统自然灾害的现状与对策［J］. 自然灾害学报，2006，15（4）：126−131.

［14］徐明旭. 日本媒体灾害报道研究［D］. 南京大学，2013.

［15］杨方，张义斌，葛旭波. 东日本大地震及核危机对能源电力的影响［J］. 中国电力，2011，44（06）：1−6.

［16］胡家龙，渡边浩文，薛松涛. 3·11 东日本大地震对城市维生管线的影响——以仙台市供水系统为例［J］. 结构工程师，2015，31（02）：48−56.

［17］Klopfenstein A，Conway B J，Stanton T N. An Approach to Seismic Evaluation of Electrical

Substations. IEEE Transactions on Power Apparatus and Systems.1976，PAS－95（1）：231－242.

［18］ Bhuyan G S，Zhai E，Ghalibafian H，et al. Seismic Behavior of Flexible Conductors Connecting Substation Equipment—Part I：Static and Dynamic Properties of Individual Components［J］. IEEE Transactions on Power Delivery.2004，19（4）：1673－1679.

［19］ 李光华. 电力供应系统地震功能失效分析与安全控制研究［D］. 大连理工大学，2010.

［20］ Richter H L. Post-quake lessons for power utilities. IEEE，1988：49，46－48.

［21］ M. Shinozuka，A.Rose，R.T.Eguchi. Engineering and Socioeconomic Impacts of Earthquakes-An Analysis of Electricity Lifeline Disrup-tions in the New Madrid Area ［R］. MCEER.1998.

［22］ Schiff A J. Northridge Earthquake：Lifeline Performance and Post-earthquake Response. New York：American Society of Civil Engineering Technical Council on Lifeline Earthquake Engineering，1995.

［23］ Rathje E M，Karatas I，Wright S G，et al. Coastal failures during the 1999 Kocaeli earthquake in Turkey［J］. Soil Dynamics and Earthquake Engineering.2004，24（9）：699－712.

［24］ Division A. Investigation Report of the Damage by the Ansei-Tokai Earthquake Tsunami.

［25］ Fujisaki E. Seismic design standards for electric substation equipment. TCLEE 2009：Lifeline Earthquake Engineering in a Multihazard Environment.2009：1－12.

［26］ 日本電気技術規格委員会. 電気設備抗震設計指南：JEAG 5003－2010.日本電気技術規格委員会，2010.

［27］ IEEE. IEEE Recommended Practice for Seismic Design of Substations：IEEE 693－2005. New York，USA，2005.

［28］ IEC. Environment testing. Part 3 Guidance seismic test methods for equipment：IEC 69－3－3 1991.IEC，1991.

［29］ IEC. High-voltage switchgear and controgear-Part 2：Seismic qualification for rated voltages of 72.5 kV and above：IEC 35571－2.IEC，2003.

［30］ IEC. High-voltage switchgear and controlgear-Part 300：Seismic qualification of alternating current circuit-breakers：IEC 62271－300.IEC，2006.

［31］ IEC. Environment testing-Part 2－6：Tests-Test Fc：Vibration（sinusoidal）：IEC 60068－2－6. IEC，2007.

［32］ IEC. High-voltage switchgear and controlgear-Part 207：Seismic qualification for gas-insulated switchgear assemblies for rated voltages above 52 kV：IEC 62271－207.IEC，2007.

［33］ 解琦，郝际平，张文强，等. 日中美抗震规范中电气设备抗震设计研究［J］. 世界地震工程，2009，25（4）：188－193.

［34］ Murota N，Feng M Q，Liu G Y. Earthquake simulator testing of base-isolated power transformers [J]. IEEE Transactions on Power Delivery, 2006, 21 (3): 1291 - 1299.

[35] 刘洋. 变电站电气设备抗震,基础减隔震分析研究 [D]. 石家庄铁道大学, 2015.

[36] S.Ersoy. Analytical and Experimental Seismic Studies of Transformers Isolated with Friction Pendulum System and Design Aspects. EARTHQ SPECTRA.2001, (17): 569 - 595.

[37] Zayas V A, Low S S, Mahin S A.A Simple Pendulum Technique for Achieving Seismic Isolation [J]. Earthquake Spectra, 2012, 6 (2): 317 - 333.

[38] 马国梁,谢强. 大型变压器的基础隔震摩擦摆系统理论研究 [J]. 中国电机工程学报, 2017, 37 (3): 946 - 955.

[39] 龚微,熊世树. 线性阻尼隔震与非线性隔震系统近断层地震反应分析 [J]. 振动与冲击, 2016 (24).

[40] Song J.Seismic response and reliability of electrical substation equipment and systems. [D]. University of California, Berkeley.2004.

[41] 曹枚根,范荣全,李世平,等. 大型电力变压器及套管隔震体系的设计与应用 [J]. 电网技术, 2011, 35 (12): 130 - 135.

[42] 朱瑞元,谢强. 基于 IEEE 693 需求响应谱的变电设备隔震设计方法[J]. 电网技术, 2013 (03): 212 - 220.

[43] 范俊伟. 近断层地震动作用下大型变电站隔震控制研究 [D]: 西安建筑科技大学; 2012.

[44] P.K.Malhotra. Dynamics of Seismic Pounding at Expansion Joints of Concrete Bridges [J]. J ENG MECH.124 (1998), 794 - 802.

[45] Wang D, Xie L. Attenuation of peak ground accelerations from the great Wenchuan earthquake [J]. Earthquake Engineering & Engineering Vibration, 2009 (02): 20 - 29.

[46] Yang J, Lee C M. Characteristics of vertical and horizontal ground motions recorded during the Niigata-ken Chuetsu, Japan Earthquake of 23 October 2004 [J]. Engineering Geology, 2007, 94 (1 - 2): 50 - 64.

[47] A.J. Schiff. Hyogoken-Nanbu (Kobe) earthquake of January 17, 1995: lifeline performance. American Society of Civil Engineers 1998.

[48] Д.Е.ЧЕГОАЕВ, О.П.МУЛЮКИН, Е.В.КОЛТЫГИН. 金属橡胶构件的设计 [M]. 国防工业出版社, 2000.

[49] 王少纯,邓宗全,高海波,等. 月球着陆器用金属橡胶高低温力学性能试验研究 [J]. 航空材料学报, 2004, 24 (2): 27 - 31.

[50] 陈树文,王强,陈慧星,李云钢. 考虑金属橡胶件的永磁磁悬浮系统特性分析. 机车电传动. 2009 (2009), 38 - 40.

[51] S.Li, A.Guo, H.Li, C.Mao. An analysis of pounding mitigation and stress waves in highway bridges with shape memory alloy pseudo - rubber shock - absorbing devices. STRUCT CONTROL HLTH.23 (2016), 1237 - 1255.

［52］ S.Li，H.H.Tsang，Y.Cheng，Z.Lu. Effects of sheds and cemented joints on seismic modelling of cylindrical porcelain electrical equipment in substations2017.

［53］ R.Waser. Ceramic Materials for Electronics：Processing，Properties，and Applications，2.ed.R.C.Buchanan（Ed.），Marcel Dekker Inc.，New York 1991；XII，532 pp.，hardcover，$ 166.75，ISBN 0－8247－8194－5.ADV MATER.4（1992），311.

［54］ K.O. Papailiou，F.Schmuck. Silicone Composite Insulators2013.

［55］ S.Takhirov，A.Schiff，L.Kempner，E.Fujisaki. Breaking Strength of Porcelain Insulator Sections Subjected to Cyclic Loading. Technical Council on Lifeline Earthquake Engineering Conference2009.pp.1－12.

［56］ T.Anagnos. Development of an Electrical Substation Equipment Performance Database for Evaluation of Equipment Fragilities. PEER2001.

［57］ Q.Xie. Field Investigation on Damage of Substation Equipment in Wenchuan Earthquake，May 12，2008. Workshop on Electric System Earthquake Engineering，California，Berkeley，2013. pp.2027－2034.

［58］ Y.Yu，G.Li，P.Li，Q.Zhu，D.Yuan，C.Wang，J.Li，H.Huang，L.Li，X.Zhang.Investigation on Transmission and Substation Facilities of Sichuan Power Grid in Wenchuan Earthquake.Electricity.20（2009），48－54.

［59］ 李圣，卢智成，邱宁，程永锋，鲁先龙，刘振林. 加装金属减震装置的 1000kV 避雷器振动台试验研究. 高电压技术. 41（2015），1740－1745.

［60］ EPRI. Survey of Utility Experiences with C omposite/Pol ymer Components in Transmission Class（69－765 kV class）Substations.，Palo Alto，CA，2004.

［61］ H.Roh，N.D.Oliveto，A.M. Reinhorn. Experimental test and modeling of hollow-core composite insulators. NONLINEAR DYNAM.69（2012），1651－1663.

［62］ S.Epackachi，K.M. Dolatshahi，N.D.Oliveto，A.M.Reinhorn. Mechanical behavior of electrical hollow composite post insulators：Experimental and analytical study.ENG STRUCT.93（2015），129－141.

［63］ SGCC. Q/GDW 11594－2016 Seismic performance testing method for composite post insulator. State Grid Corporation of China2016.

［64］ J.Song，A.D. Kiureghian，J.L.Sackman. Seismic interaction in electrical substation equipment connected by non-linear rigid bus conductors.EARTHQ ENG STRUCT D.36（2010），167－190.

［65］ A.Bansal，A.Schubert，M.V. Balakrishnan，M.Kumosa. Finite element analysis of substation composite insulators. COMPOS SCI TECHNOL.55（1995），375－389.

［66］ P.Bonhôte，T.Gmür，J.Botsis，K.O.Papailiou. Stress and damage analysis of composite－aluminium joints used in electrical insulators subject to traction and bending.COMPOS

STRUCT.64（2004），359－367.

［67］S.Li，H.Tsang，Y.Cheng，Z.Lu. Considering seismic interaction effects in designing steel supporting structure for surge arrester.J CONSTR STEEL RES.132（2017），151－163.

［68］R.K.Mohammadi，V.Akrami，F.Nikfar. Dynamic properties of substation support structures.J CONSTR STEEL RES.78（2012），173－182.

［69］周云. 摩擦耗能减震结构设计. 武汉：武汉理工大学出版社，2006.

［70］S.Alessandri，R.Giannini，F.Paolacci，M.Amoretti，A.Freddo. Seismic retrofitting of an HV circuit breaker using base isolation with wire ropes. Part 2：Shaking-table test validation. ENG STRUCT.98（2015），263－274.

［71］S.Alessandri，R.Giannini，F.Paolacci，M.Malena. Seismic retrofitting of an HV circuit breaker using base isolation with wire ropes. Part 1：Preliminary tests and analyses. Engineering Structures.98（2015），212－251.

［72］宋晋东，李山有，马强. 日本新干线地震监测与预警系统. 世界地震工程. 28（2012），1－10.

［73］叶珂. 针对京沪高铁的地震预警系统的研究［D］：成都：成都理工大学；2012.

［74］刘少文，李敬，刘志华，赖细华. 新丰江水库地震监测系统介绍. 华南地震（2012），103－109.

［75］董威，董孝胜.CPR1000 项目地震监测系统设计研究. 核科学与工程（2011），74－77.

［76］刘捷明，胡云辉，张立涛. 润扬大桥结构安全监测系统 5.12 汶川大地震监测数据的分析. 公路交通科技（2010），48－52.

［77］刘欣，谢庆胜. 基于 GIS 技术的快速震害评估方法. 灾害学. 17（2002），26－29.

［78］H.Mitomi，F.Yamazaki，M.Matsuoka. Development of automated extraction method for building damage area based on maximum likelihood classifier2001.

［79］文波，牛荻涛. 大型变电站主厂房地震易损性研究. 土木工程学报（2013），19－23.

［80］M.K.Kim，Y.S. Choun，I.K.Choi.Seismic fragility evaluation of an electrical transmission substation system in Korea by using a fault tree method.（2010）.

［81］李圣，程永锋，卢智成，朱祝兵，邱宁，陈国强. 支柱绝缘子互连体系地震易损性分析. 中国电力. 49（2016），61－66.

［82］F.Paolacci，R.Giannini. Seismic Reliability Assessment of a High-Voltage Disconnect Switch Using an Effective Fragility Analysis.J EARTHQ ENG.13（2009），217－235.

［83］S.A.Zareei，M.Hosseini，M. Ghafory-Ashtiany. Seismic failure probability of a 400 kV power transformer using analytical fragility curves. ENG FAIL ANAL.70（2016），273－289.

后　记

　　在新时期，"碳达峰、碳中和"的目标要求电网在新能源消纳和跨区域清洁能源配置上发挥更大的作用。作为地震灾害深重的国家，为保障地震灾害背景下社会的电力供应稳定，电力设施的抗震研究需要始终与我国的大规模电网建设进程同步。因此，电力设施的抗震技术一直在发展之中。

　　本书针对目前阶段变电站（换流站）抗震技术中几个关键的问题进行了深入探讨，主要针对户外变电站的两大类一次设备（主变类设备和支柱类设备）提出了分析模型和抗震安全防护的技术理论，并对变电站（换流站）的震损评估提供了方法。对于不断更新的变电站（换流站）建设来说，本书的内容还难以覆盖全面，室内变电站、地下变电站和海上变电站的抗震问题逐渐凸显。室内变电站将主变等电气设备置于多层框架结构之中，通过横向和竖向 GIL 管道实现不同设备间的耦联，其中 GIL 管道的抗震能力问题、室内变电站主设备的隔震等问题值得重视。地下变电站在我国城市化进程中日益兴起，电气设备抗震和地下结构抗震的结合仍有许多亟待研究的课题。作为海上风电送出的重要设施，海上变电站结合了电力工程与海洋工程的技术，其结构形式、环境和荷载方面与一般变电站有很大不同，海上变电站的抗震研究更是一个全新的课题。

　　作为我国电力行业抗震研究的专门机构，我们始终将研究方向与电网抗震的需求保持同步，通过开创先进抗震技术为大区域电网的安全稳定运行提供支撑。